An Invisible
Difference

# 改变²
### 幸运是设计出来的

[韩] 延埈赫 韩相福◎著
郭芊孜◎译

著作权合同登记　图字01-2012-7598

图书在版编目（CIP）数据

改变2：幸运是设计出来的/（韩）延埈赫，（韩）韩相福著；郭芊孜译. —北京：北京大学出版社，2013.1

ISBN 978-7-301-21401-5

Ⅰ.①改… Ⅱ.①延…②韩…③郭… Ⅲ.①成功心理—通俗读物 Ⅳ.①B848.4-49

中国版本图书馆CIP数据核字（2012）第240737号

An Invisible Difference
Copyright ©2010 by Yeon Jun Hyug&Han Sang Bok
All rights reserved.
Originally Korean edition published by Wisdomhouse Publishing Co.,Ltd.
Simplified Chinese Translation rights arranged with Wisdomhouse Publishing Co.,Ltd.
through M.J.Agency.
Simplified Chinese Language edition ©2013 by BEIJING RZBOOK CO.,LTD

本书中文简体版由北京大学出版社出版。

| | |
|---|---|
| 书　　　名： | 改变2：幸运是设计出来的 |
| 著作责任者： | ［韩］延埈赫　韩相福　著　郭芊孜　译 |
| 责 任 编 辑： | 宋智广　许　志 |
| 标 准 书 号： | ISBN 978-7-301-21401-5/B·1071 |
| 出 版 发 行： | 北京大学出版社 |
| 地　　　址： | 北京市海淀区成府路205号　100871 |
| 网　　　址： | http://www.pup.cn　新浪官方微博：@北京大学出版社 |
| 电 子 信 箱： | rz82632355@163.com |
| 电　　　话： | 邮购部62752015　发行部62750672　编辑部82632355　出版部62754962 |
| 印 　刷 　者： | 北京正合鼎业印刷有限公司 |
| 经 　销 　者： | 新华书店 |
| | 787毫米×1092毫米　16开本　14.5印张　178千字 |
| | 2013年1月第1版　2013年3月第2次印刷 |
| 定　　价： | 35.00元 |

未经许可，不得以任何方式复制或抄袭本书之部分或全部内容。
版权所有，侵权必究
举报电话：010-62752024　电子信箱：fd@pup.pku.edu.cn

## 序言
### 幸运，是一种看不见的差异

  **韩**屋大门的设计，都是从外往里推的。如果有人叫门，主人会打开门锁，把大门从里面拉开。但房门的设计，却和大门相反，是从里往外推的。厕所和库房的门，也是如此。

  为什么只有大门是反方向打开的呢？

  祖先们是这样回答的："客人需要迎接进来，但也不能把福气外漏，故而这么设计。"

  刚入职时实力相差无几的员工，5年、10年之后就大有不同了。有人已经飞黄腾达；有人却还在做一些不起眼的小工作；还有人尝尽了失败的苦水，等待着在其他地方东山再起。有一些人遇到困难总指望别人来帮忙；另一些人连非常简单的工作也不能胜任，因而频受斥责。有的人，你看不出他有多么卓越，却经常被人赞许，平步青云；另有一种人，为了讨好上司费尽心机，结果却是事与愿违。

  当然，出身好的人，不列入我们的讨论范畴，因为出发点本就不一样。

  我们好奇的，是"那些走捷径的人"。他们是怎样找到捷径并且快速取得成功的呢？我们试图找到其中的秘诀。

无论怎么看，能力上的差异似乎都是微乎其微的。因为有些人看起来并不努力，但却走到了他人的前面。分明，在人与人之间，有一些我们看不见的差异。

我们找到的答案，就是"运气"。

那些运气好的人，真的很神奇。幸运儿们总是能邂逅完美的伴侣，考试时遇到的都是自己会做的题目，能得到最高上司的首肯连升三级，只要投资就会得到相当的回报。

许多人误认为运气是天生的。

通常来说，八字是天生的。八字是指出生年月日，一个人何年、何月、何日、何时出生都是既定的，是无法改变的，所以它确实是"天生的"。不过八字和运气不同，运气是在不停运转的。运气，就是好的运转、普通的运转和不好的运转相互交叉流动，一会儿把我们的人生冲向这边，一会儿冲向那边。运气，不以神的意志为转移，自然也不是我们可以随意左右的。它是处在一个我们肉眼看不见的区域，影响着一切生命。很多时候，我们热切盼望它时它不来，但当我们放松警惕，或几乎放弃时，它却突然出现了。不过，面对运气，人并非无能为力，只能听凭它的摆布，有的人通过自身的努力和意志，能够召唤来幸运。他们就是我们眼中的那些运气好的人。

写作这本书，是为了对运气这种存在和那些幸运之人做一种探索。通过探索成功人士与常人之间的"看不见的差异"，我们发现，所谓的差异，正是运气运转的机制。

为什么有些人始终好运相伴，有些人却从来不受幸运眷顾呢？

为了探索这种运转机制，我们查阅了从东方到西方，从古代到现代，从历史、哲学到尖端科学的许多资料，发现了一些自古至今、无论东西方都适用的法则：

幸运不是强求来的，你越是瞪大双眼，四处搜寻幸运的踪迹，它反而会越躲越远；

对待凡事，不要过于计较，尤其是不要执著于追求完美，因为哪怕再多犹豫一秒，幸运就走远了；

同时，一个人需要经常反思自己，纠正自己身上让幸运女神敬而远之的东西。

最终你会发现，好运常躲在意想不到的地方。

其实，在运气好的人们之间，也存在着一些差异。有些差异巧妙地隐藏着；有些差异就明摆在眼前，却不易被察觉。懂得管理运气的人，是知道如何利用这微小的差异收获差异巨大的结果的。

幸运，面对每个人的机会都是均等的，只是有些被人们给生生错过了。这都是因为他们缺少了一些发现幸运的眼光。其实，运气好的人比起我们，只是对幸运更为关注一些罢了。充裕的时间和犀利的眼光，是他们的"幸运之本"。

希望读者在细细品读这本书时，能够认真地结合自己的人生思考一番——也许之前你所错过的那些幸运，可以重新找回来。

经过现代教育的培养，我们都变得对数学公式的正确性太过信赖，以至于以为生活中的问题也可以像方程式那样解开。我们还以为，只有少数人才拥有这种神秘的公式，他们只要把问题代入公式里，问题就会立刻迎刃而解。

世界上并没有这种公式存在，但却存在一种和它很接近的东西，那就是"幸运"。幸运能够使人们的才智和努力"爆发"出来，以意想不到的方式，把谷底的人推举到云端。它让有的人糊里糊涂地变成了明星，让一个人偶然的念头成为成功的跳板。

这种"爆发"，并没有数学公式那样的规则和秩序。爆发能够持续多久、成功能够延续多久，谁也不知道。所以幸运是属于"第三领域"的范畴，不是天意拟定的，也不是我们能够随意支配的。

因此，如果想把幸运唤来，首先应该抛弃"用数学公式看待世界"的心理。如果像做数学题那样，对正确答案过于执著，我们会难以与幸运相遇。因为在幸运里，从来就不存在"正确答案"这个概念。

再说，幸运是一种变化无常的东西。

对于变化无常的东西，规则是行不通的。所以那些幸运相随的人们，是从不拘泥于规则的。

没有人不想成为备受幸运眷顾的人。

幸运最喜欢"有充裕时间和犀利眼光的人"。以这种方式主动改变自己的话，兴许，你很快会与幸运不期而遇呢！

 目录

# Part 1

**看得见幸运的人，看不见幸运的人**

01 打开那个盛满可能性的坛子 / 002
02 世界上最可怕的实力 / 007
03 第三条道路 / 011
04 逻辑的世界不是全部的世界 / 017
05 要做就做第一只企鹅 / 022
06 好运的人，背运的人 / 025
07 走开！我等的是幸运，不是你！/ 029
08 横财是披着幸运外衣的横祸 / 034
09 用放松为幸运编织一张温床 / 039
10 隐遁的智慧 / 043
11 用态度给幸运颁发一张通行证 / 047
12 幸运喜欢的三件事 / 051

# Part 2

**踏在幸运肩上的人，踢幸运屁股的人**

01 朝令夕改不是丢脸的事 / 056
02 走在前面的早期采用者 / 060
03 幸运背后的影子 / 064
04 抓住游戏规则改变的瞬间 / 069
05 看穿"世界规则改变方向"的慧眼 / 073
06 走出"Should监狱" / 078
07 感觉是最准确的雷达 / 084
08 整理出幸运落脚的空间 / 089
09 按下选择幸运的按钮 / 094
10 放弃不是失败，而是一种选择 / 099
11 唤来幸运的口头禅 / 103
12 守护你的三万名幸运天使 / 108

# Part 3

## 管理幸运的人，被不幸摆布的人

01 工作没有高低，有高低的是人心 / 114
02 用失败宣言关闭不幸之门 / 118
03 幸运也要用代价来换取 / 122
04 路易十一的气球 / 126
05 不要蒙着双眼走下坡路 / 130
06 世界上最优雅的复仇 / 135
07 终止之前，没有真正的完结 / 140
08 把幸运熬出来 / 144
09 管理幸运 / 150
10 粗浅不足的品格 / 154
11 相互帮助才能延续幸运 / 158
12 幸运的卡桑德拉 / 162

# Part 4

## 幸运相随的人，追随幸运的人

01 扩大自己的"碗" / 168
02 让反对者加入你的幸运之旅 / 172
03 善用你的幸运雷达 / 176
04 与自己和解 / 181
05 哪张才是吸引幸运女神的脸 / 185
06 蜉蝣与鹰 / 190
07 河沟之龙与方向盘 / 194
08 胆小鬼的智慧 / 198
09 一生的幸运天使 / 203
10 幸运的黄金法则 / 208
11 悄悄地施德 / 213
12 "利他"终会"利己" / 216

**后记** 世上最有力量的幸运 / 223

# Part 1

## 看得见幸运的人，看不见幸运的人

> 幸运，最少会敲一次你的门。
> ——意大利俗语

## 01 打开那个盛满可能性的坛子

日用消费品生产企业联合利华做了一项很有意思的调查。这项调查以美国经常坐飞机的未婚男女为调查对象，调查的目的是要看看37个机场中"哪个最适合偶遇新姻缘"。

排名第一的，是费城机场。

有趣的是，未婚男女选择费城机场的原因竟然是"高频率的起降延迟"。费城机场的起降延迟率高达32%，调查结果显示，每个航班平均延误60分钟左右。

未婚男女们表示，虽然费城机场的航班经常会无限期延误，但它拥有57个餐厅、16个酒吧、7个休息室，正好给他们提供了物色新恋人的无与伦比的环境。实际上，有10%的调查对象是在机场航班延误时，幸运地在酒吧或休息室里遇到了恋人。有30%的调查对象表示："一听到延迟起飞的广播，就会立马跑到餐厅或休息室，找一个醒目的位置坐下，期待着一位充满魅力的异性，和那个怦然心跳的幸运时刻的降临。"

如此邂逅爱情的两个人，会这样和对方讲："与你的相遇，使我苦等两个多小时的不幸变成了幸运。怎么会这么巧呢？是不是为了让我们彼此遇见，他们才故意让飞机延误的呢！"

巧合，之所以让我们感觉神奇，是因为我们在其间感受到了某种不可思议的力量。"偶然"这件事，你越思忖，就越会强烈地感觉到：这世界是在为了我们而有条不紊地运转着。

奇异的"偶然"，有时也很让人恼火。因为，它不只发生在幸运的领域，还会以不幸的面目出现。

英国军官萨摩福特少校，在第一次世界大战中被雷电击中，六年后又以平民的身份再遭雷劈，两年后雷电又找到了他。他，可谓是被雷劈三次的"倒霉男子"，但同时，他也是三遇雷击却依然活着的"幸运者"。四年后，闪电又找到了他。不过那时他已经过世了。闪电击碎了他的石墓。

美军介入越南战争时，时任美国国防部部长的是罗伯特·麦克纳马拉。麦克纳马拉，是哈佛大学最年轻、薪水最高的教授，他还曾以第一个外人的身份，为福特公司总裁等人担任计量分析技术师。

麦克纳马拉部长充分调动各方专家，对战事进行了周密而科学的分析，得出了一个战争可以在极短时间内结束的结论。他在中央情报局设置了一个担任情报收集和计量分析工作的小组，把在越南执行任务的轰炸机的出动次数、每天投射的炮弹种类和数量，以及炮击的位置与频率等做了精确分析。他以此为基础判断：不久之后，越南战争就能以美军的胜利而宣告结束。

美国按照专家们的分析结果制订了作战计划，并发动了对越南的波浪式袭击。严格按照计划执行的攻击，给了肩负重担的国防部官员一股强大的必胜信念。但是，在越南战场上，也发生了许多出乎意料的、可怕的巧合。可惜美国并不承认这些偶然，直到战势几近溃败时，他们都不曾脱离自己可以"控制局面"的幻想。

## 感谢"偶然"，我们躲过了第三次世界大战

我们都有一种不愿承认"偶然"的强烈意志，这是人类长久以来的经验和文化酿造出来的结果。

世上所有的宗教和哲学，都是人类为了否认自身的偶然性而得出的产物。近代以来，这种对偶然性的否认演变成了科学。到了17世纪，科学革命以因果论的世界观，武装了人类的思想。不想承认偶然的世界观，有着历史悠久的根基。古希腊以后，所有的学问都把焦点放在了证明人类世界的理性上。慎重又充满逻辑性的唯物思想，是人类世界的主导意识。

大家看来，只有理性是正确的，一切问题，只要慎重考虑，排除感情因素，便可迎刃而解。（但有些杀人魔犯罪前也是经过周密计划的，他们犯下了可怕的罪行，却连眼睛都不眨，绝不是因为他们缺乏"理性"，而是因为他们缺少感情。理性，并不是永远正确的。）在人们看来，世界是由天意和规则的框架维持的有序场所，没有"偶然"生存的空间。

我们想过能够预测的生活，所以总是对偶然感到不安。因为，偶然是不确定的别称。

麦克纳马拉担任美国国防部长8年，是美国历代部长中任职时间最长

的一位。他曾受肯尼迪委任，在古巴核导弹危机、越南战争等战事中担任顾问委员或国防长官等核心职务。但是，在推翻卡斯特罗政权的作战中，麦克纳马拉却铩羽而归。这次失败，要归咎于古巴核导弹危机。之前公开的资料都宣称，危机是以美苏两国各让一步，最终妥协而告终。

不过，之后美国解密的文件披露了截然不同的骇人内幕。当时，是美国战舰首先向在古巴沿岸潜航的苏联B59潜水艇发射了水雷。他们并不知道，那艘潜水艇上正好装载着核武器。"遗憾"的是，水雷没有击中潜水艇，而是在距它不远处爆炸了。苏联人判断战争打响了，B59即刻准备用装有核弹头的鱼雷进行反击。但持有批准权的三名长官之一却反对说："再等等看。"他们因此错过了反攻的时机。

麦克纳马拉在回忆录中表示："如果当时B59认为自己陷入了美国的陷阱，实施了核攻击的话，美苏两国将会展开全面的核战争。"而阻挡了战争发生的，正是一位苏联军官的忍耐和错过攻击时机的"偶然"。

在担任国防顾问委员及国防部长期间，麦克纳马拉一直希望像电脑一样，制订精确的计划以控制局势。许久之后，他说了这样一句话："所有的一切，皆因幸运。"

那些取得了超越常人成就的天才们，他们有着强烈的自信，相信万事都能按照自我意志来实现。有时，他们甚至会陷入到能够左右世界的自满中。当然，这是在排除"偶然"的情况下。某些时候，他们也会认识到：有时，自己连自己的命运都难以掌控。

面对捉摸不定的情况，大部分人都缺乏耐心。为了获得一切尽在掌握的确定感，他们会分析、计划，还会有预先设定目标的冲动。有时，他们会愤怒地喊："到底是这个，还是那个？"想要快点把事情了结。而事实是，太过匆忙的决定或否定，正好给了坏运气抓住你的机会。如果随意做出选择，做出正确选择的概率会大幅度减小，甚至让幸运连靠近你的机会都没了。

另一些人正好相反。他们在意外发生时，会欣然地面对任何可能的结果，这种意识上的差异，会让他们迅速地做出反应，根据事实，而不是自己的一厢情愿做出改变。他们会悄无声息地实现成功，并且一直成功下去。

这两种人的不同之处在于，后者懂得打开那个"盛满可能性的坛子"，看看里面都装着什么。而坛子里，可能正好有新的运气静静等待你将它释放出去。生活是充满挑战的，任何事情皆有发生的可能。

大部分时候，遇见"好运"的机会都是未知的。如果不敞开这个"可能性坛子"的话，你永远都看不到它躲在哪里。

## 02 世界上最可怕的实力

一般工作了十多年的人,会说自己能够看透职场中的秘密。即他们能够看出公司中受欢迎与不受欢迎的人之间的差异在哪里,还说再过十年,他们便能够掌握"成为成功人士的秘密"了。

先来看看A经理的例子。作为大企业副总经理的他,在升任为总经理前,整整一夜辗转难眠。由于同行业的过热竞争和不景气的大环境,公司陷入了极度低迷。两名前任经理,未到任期都提前辞职了。A经理也毫无自信,不知道自己能够撑多久。

不过,就在他上任几个月后,情况就有所好转了。随着公司经营模式的改变,业绩也开始迅猛增长。股市也同样见好,仅仅六个月的时间,公司的股价就上涨了40%多。在公司大会上,A经理因"成功救活了公司"而受到了极高的赞誉。

七年之后，他退为顾问了。

继任经理和A经理一起吃午饭时，向他倾吐了自己的担忧。他说："大家对我这个继任者的期许太高了，感觉负担很重。"

A经理微笑着安慰他道："自己亲身经历之前，我也完全不知道，这个世界上最可怕的实力，竟然是'运气'。"

B正好是一个相反的例子。因为叔叔是银行的主要领导，所以进入银行之后，B的工作一直顺风顺水。

每一次人事调动之时，B都可以随意选择自己想去的部门，并且，B一直负责金融这块业务。她不需要亲自数钱，但总会受到各大企业的款待。

可随着叔叔的退休，这样养尊处优的好日子，却在一夜之间发生了巨大变化。叔叔的继任者——现今银行营业网的总负责人，偏偏是一位与叔叔关系最不融洽的后辈。B因此被分配到郊区分行的个人客户部门。对她来说，这是件苦差事，因为她需要说服客户购买公司的金融产品。B无法忍受这种工作，最后只好递交了辞呈。

幸运不是永恒围绕着一个人打转的。因为运气是不停运转的。从它的写法上就可窥见一斑，"运"这个字可以分为三部分：

运＝運（走之旁＋秃宝盖＋车）＝盖在板车上，慢慢向前移动。

## ▎不幸是幸运并肩携手的姐妹

运气是不断运转变化着的。自古以来，就流传着这样一句话："人的一生中，至少会遇到三次幸运。"在东洋学中，运气以十年为一个周期，来回运转。过去，人们把人生的长度看做是六十年。因此，可以把运气看成是"三来三去"。

西方也有类似的见解。霍华德·加德纳与马尔科姆·格拉德威尔都主张"人生的每个跳跃之间的间隔为十年"。如果这十年间（一万小时），一个人能够坚持不懈地努力，那么，他就会迎来人生中的巨大跳跃。

运气来到以后，随时都会不辞而别。提供成功跳板的幸运走了以后，威胁成功根基的巨大不幸就会找来。幸运之中有不幸，不幸之中亦有幸运。这就是"阴中阳""阳中阴"的道理。

对每个人来说，不幸也是人生必不可少的成分。人生之差异，就是从不幸开始的。即使一个在幸运期获得了很多幸运的人，也是如此。如果他碰巧与不幸相遇，他的人生也会陷入低谷。

神话之中的幸运女神，一只手拿着象征丰饶的山羊角，另一只手拿着掌管人类命运的方向舵。如果遇见自己喜欢的人，她就会拿出山羊角，给其指引成功的方向。在希腊神话中，幸运女神叫做"堤喀（Tyche）"，在罗马神话中，她叫做"福尔图娜（Fortuna，即英文fortune的起源，表示'幸运'或'命运'之意）"。

据说，幸运女神是一个变化无常的人，她不会把幸运送给所有人。她也从不安静地留在原地，总是频繁地四处游荡。甚至，她还会找出一些藏起来的人，赠与其幸运，这便是运气来了躲也躲不掉的缘由。但如果遇见不喜欢的人，她就会跟他使坏。

幸运女神离开之后，不幸女神"阿忒（Ate，希腊、罗马神话中为同一人）"就会相继而来。她会给她看到的人一个霉运苹果，这个苹果会让人判断出错，盲目行动，随后，便会踏上不幸之路。

实力，或者说努力，对"运势"这个东西也是无可奈何。要不怎么会有谚语说"聪明的人赢不过努力的人，努力的人赢不过运气好的人"呢。

我们总是有意无意地用"解开①"这个词来形容人生，这是有一定原因的。前辈告诉我们："只有顺其自然地生活下去，才会'解开'人生。"

这句话启示我们：应该虚心接受"人生是不断运转的，运势是变化无常的"这种思想。"变化无常的运势"与"顺其自然地生活下去"，乍看起来是两种相互矛盾的思想，甚至容易被误解为"被失败打击得再也不想做什么反抗了"。最初，血气方刚的后辈们不理解"世故圆滑"的老一辈。但是，工作十多年以后，你就会意识到：自己也会把前辈过去叮嘱自己的话，讲给后辈听。因为，前辈们讲过的话，都变成了自己亲身的经历。

"变化无常的运势"，这句话本身就是一种"顺其自然"。在工作中遇到的运势，自有其不可违逆的流向。不管你喜欢也好，不喜欢也好，前辈们告诉我们：不要与这种流向对立。就是说，要接受运势的变化，乘着运势的潮流，你才会和幸运相遇，并取得成功。

运气，也是一种实力。它是这个世界上最可怕的实力。

---

① 在韩语中，"解开"这个词用来形容人生时，为"顺利、幸福"之意。——译者注

## 03

## 第三条道路

1925年6月2日。

卢·贾里格一如既往地坐在选手休息席上，洋基棒球队队员们在检查装备，他们即将出发赴釜山比赛；还有一些选手，正在打赌比赛的输赢。但卢·贾里格却无心去想这些。因为，对于这个刚从低级别职业联盟上来的小毛孩儿来说，他绝不会有上场的机会。再说，他的位置由皮普牢牢占据着。皮普是洋基队的王牌选手之一。

"再这样一直做替补球员的话，是不是又得回到低级联盟去了？"不过，卢·贾里格转念一想："不管怎样，能来这个球队就已经很不错了，即使再回去也没有关系。重要的是，现在要用心。"

这时，场上一名选手突然折回来了，是皮普。他对教练说："教练，我头疼得厉害，这次比赛大概不能上场了。"教练回头看了一下坐在替补席上的选手，他的视线落在了卢·贾里格身上。

"小伙子，你的机会来了。"

这对22岁的卢·贾里格来说，简直是个意想不到的幸运。他的幸运，不仅是作为击球员上了场，而且上场后就第一次打出了安打，把平日积累的实力发挥得淋漓尽致。结果他得以继续出战下一场比赛。

最终，卢·贾里格成了这个赛季最出色的一垒手，不仅打出了20个本垒打，还打破了最高的击球率纪录。就这样，卢·贾里格的2130场连续出战纪录开始了，这是美国职业棒球联盟史上最光辉的一笔。两年后，卢·贾里格的名字出现在了美国职业棒球联盟的MVP名单里。当时的美国市民还赠与卢·贾里格"铁马"的称号。而那个给了贾里格机会的皮普，那天以后没有再参加过任何比赛。第二年，他就去了圣路易斯。

一次小小的头疼，竟然改变了两个人的命运。要不是因为这场头疼，也许卢·贾里格的成功神话永远不会诞生了。

松下电器创始人松下幸之助是位杰出的人才，在日本被推崇为"经营之神"。由于父母的早逝，从小他便无依无靠，不得不中途退学。小学，就是他的最终学历。在20岁那年，一直身体羸弱的他因为严重的肺结核发作，还险些失去性命。

隐退前夕，松下会长参加了新人招聘会。他向应聘者提出了一个问题："你觉得，你是个幸运的人吗？"

在松下会长看来，幸运是取得成功的必要因素。他曾说过："在我取得的成功里，努力的因素只不过占了1%，剩下的99%，全都是因为运气好。好运，使我认识了很多有能力的人，并从他们身上获取了很多有用的灵感。"巧合的是，他的名字本身也跟幸运有关。松下幸之助这个名字，是"幸运的帮助"之义。

每次被问及"怎样才能成功"时，洛克菲勒总是这样回答："要想成为富翁，需要三种东西。第一，是幸运；第二，是幸运；第三，还是幸运。但是，你得懂得利用这些幸运。"《洛克菲勒家族传》里有这样一段话："巨大的财富之门，是偶然开启的，它会在一瞬间开启，然后又在一瞬间关闭。我只是在偶然经过那扇门时，在它行将关闭的瞬间，硬挤了进去而已。"

美国斯坦福大学的一名教授，以1000名成功企业家为对象，做了针对成功原因的分析调查。结果显示，调查对象中回答自己是"按照计划取得成功"的人，不到25%；其余的75%的人则表示"自己是因偶然的机会，才走上了成功之路"。

美国经济学家、投资家及畅销书作家彼得·伯恩斯坦，以《福布斯》杂志上公布的1302名富豪为对象，也展开了一次关于成功原因的调查。他总结出来，这些富豪们有四个共同点：求胜欲、竞争心理、运气和时机。其中，求胜欲和竞争心理是内在要素；而运气和时机，则是外在要素。也就是说，成功的一半功劳，要归结于外部的影响。

日本专家本田健，也做过对1000名富人的问卷调查。他说："大部分的富人都认为自己是幸运之人，或得到了一位杰出导师的指引。"他在"成为富人的九个要素"中，把幸运列在了第三位（第一位是职业）。

这不由得让人想起了爱迪生的那句名言："天才，来自99%的努力和1%的灵感。"专家指出，有必要对灵感给予格外关注。它不是靠努力可以得到的。虽然这1%的比重看起来微不足道，但恰恰是这1%，却会产生决定性的差异。灵感，也是属于幸运领域之内的东西。

## 运七技三的智慧

"运七技三",这是韩国人经常使用的一个俗语。实际上,它表达了一种"宿命论"。事情最终能否成功,努力所占的比例仅为三成,剩下的七成则是运气。"运七技三"这个道理,在清朝蒲松龄所著的《聊斋志异》中,也有生动的诠释。

一位书生参加科举考试频频落榜,他的年龄日渐增大,家产也所剩无几,连妻子都带着孩子离家出走了。

书生决定要上吊自杀。但是,他转念一想:"不如我的人都可以中榜,我却中不了榜,这世道怎么了?我不能就这么含冤而死。"他决定去玉皇大帝那里评个理。

玉皇大帝听到书生的哭诉后,叫来了"正义之神"与"命运之神"。他一边让两位神仙比喝酒,一边跟书生说:"如果正义之神赢了,那就说明你是对的。如果命运之神赢了,你就打消你的念头吧。"

结果,在这场较量中,命运之神喝了七杯,而正义之神只喝了三杯。

于是,玉皇大帝跟书生说:"世上之事,除了正义之外,还有不合理的命运发生作用。虽然七分的不合理在支配着这个世界,但还有三分的道理存在,这个你务必要铭记在心。"

我们一向认为,有两种梦想成真的方法:一种是通过努力工作取得相应的成就,另一种是把成功的希望全部寄托在幸运的成全上。这两种观点的差异在于对待幸运的不同信念。

第一种观点,是想排除幸运的因素。抱有这种观点的人认为,幸运,仅仅适用于中彩票者或优秀的事业家等"特别人士",人类的意志主宰不了它,所以,不能把它作为值得信赖的对象。也就是说,他们只相信"一分耕耘，一分收获"。

第二种观点，是把幸运看成"从天而降的机会"。抱有这种观点的人认为，大部分人的成功都是幸运所致，并相信这种幸运也一定会降临到自己身上。他们认为，每个人都会有这种机会——努力最少，却收获最多。

但实际上，幸运从不理会你信或不信它，它只会随着自己的心思运转。它可能会找上一些完全不相信幸运的人，让他们在付出了30分努力的情况下，取得70分的成效，躲在暗处看着他们自以为是因为"当时的状态出奇的好"而偷笑。它也可能对有些虔诚地期待它的人弃之不顾，冷眼旁观他们付出30分努力，却只取得了10分成效，然后唉声叹气地说"时不待我"。

还有一些人，他们选择"第三种信仰"："每个人都是按照各自的'生辰八字'出生的，但运气却是在不停运转着的。所以，每个人都有幸运或不幸的时候。好好管理来至你身边的每一种运势，你就能左右成败了。"

其实，在所有的努力和成功、失败和挫折里，都有运气的影子。如果你循着一种东西的足迹，很容易发现运气就躲在它的背后，它就是"偶然"。"偶然"偶尔也会耍性子，把我们之前所有的准备和努力都付之一炬。

要想取得成功、并把它保持下去的话，努力和幸运都是必需的。能够延续成功的人，并不是因为他们自己可以创造幸运，而是因为他们懂得怎样让幸运追随着自己。为了提高与幸运相遇的机会，他们会不断地改变自己，使自己成为"幸运喜欢的人"，因为他们深知幸运的脾气。

在迎接幸运的同时，他们还会管理幸运，以使它能够长久地留在身边。此外，他们还会努力阻挡不幸的闯入。即使不幸找到了他们，他们也会通过相应的管理，把不幸造成的损失限制在最小范围之内。

这是他们与常人之间的差异，普通人眼是看不到的。有些差异，是被巧妙地包装起来的，常常因看起来太过平常而被忽视。

所有的人，生来都有自己的命运，但命运之中，"运气"是一直在流转不歇的。有时，它会向好的方向流转；有时，它会向不好的方向流转。那些成功人士，都是乘着运势漂流的人。

## 04 逻辑的世界不是全部的世界

谷歌的创始人谢尔盖·布林与拉里·佩奇之所以能够成功，是因为幸运一直在他们身上延续。两人是在斯坦福大学的博士课堂上认识的，他们都对网络搜索很感兴趣。

当时，佩奇正在学校数字图书馆计划部工作，而布林在研究数据挖掘算法，两人使用AltaVista公司的搜索服务时，突然蹦出了一个很有趣的想法："要是把学术论文引用技法和网络搜索结合在一起，会怎么样呢？"

他们称这个新项目为"Page Rank"。他们完全没有料想到，新的互联网搜索方式竟然由此诞生了。其实，这些技术并不是他们开发出来的，他们只是把先前已有的技术"整合起来罢了"。

原本，两人是想用这个写一篇学位论文，但当他们认识到，他们创造的是一种新的互联网搜索引擎后，就把它在学校里推广开来了。有一个朋友提出建议，说应该给它起名叫"googol"。googol表示10的100次方，不过，却被不小心拼写成了"google"。

布林与佩奇申请了专利以后，向AltaVista公司提出愿以100万美元的价格出售这项技术。对于AltaVista公司来说，100万美元并不是大数目，但它却以"我们只对自己公司的产品感兴趣"为由回绝了他们。同样拒绝了他们的还有雅虎。对布林与佩奇来说，被人拒绝反倒成了更大的幸运。

两人随后休学，全力以赴投入到创业中。他们从风投那里得到了将近3000万美元的巨额投资。由于两人十分厌恶附在网址上的广告，因此一直坚持开发没有广告的搜索引擎。

风投公司Kleiner Perkins看到了谷歌所具有的"与众不同的差异"，这是他们投资谷歌的原因。而这种差异，AltaVista和雅虎却没能发现。在专业投资者的眼里，谷歌公司具有尝试与众不同的新事物的精神，让人感觉到他们"终有一天，会创造一番大业"。但在AltaVista和雅虎看来，谷歌只是将别人已经开发好的技术进行重新研发组合，"没什么了不起的"。

接下来，布林与佩奇又把别人的东西重新组合了一番。他们开发了用"搜索结果目录"提供广告的方式，广告商对此大受欢迎。时值2000年年初，金融风暴前夕。或许这种服务推出的时间再晚一点儿，谷歌早就被扼杀在风暴中了。这一系列接连不断的幸运，让他们刚好赶上了开往成功的列车。

## 幸运是科学发现的催生婆

我们所熟知的那些科学史上的伟大发现，许多是通过"非科学的幸运"诞生的。DNA双螺旋结构的破译者詹姆斯·杜威·沃森与弗朗西斯·哈里·康普顿·克里克，他们俩的相遇本身就是一个意外。他们从没想过要在一起做研究。但由于他们太过吵闹，其他的研究人员把他们赶到了另一个研究室。被赶出来之后，他们仍然不停地争论。结果在这不经意的争论中，他们却发现了DNA的构造。他们的相遇，对彼此来说都是一个幸运。

亚历山大·弗莱明发现青霉素，也是出于偶然的幸运。数万种霉菌中，只有一种可以提取出青霉素；这种霉菌，"恰好"出现在了他的办公室；青霉素本是弗莱明实验失败的产物，几乎要被人遗忘了，后来却幸运地得到了牛津大学教授组的认证，成功地存活了下来。这是多么不可思议的一连串意外造就的奇迹啊。

合成橡胶的诞生，也是出于幸运。美国化学家查尔斯·固特异为了发明一种耐热性强、不易裂开的橡胶，等了整整十年。有一天，融化硫黄的锅刚好打翻在了天然橡胶上。就在查尔斯·固特异收拾实验台的时候，突然发现天然橡胶发生了奇异的改变。于是，制作合成橡胶的硫化法就此而生了。从此，"固特异"就成了汽车轮胎的代名词。

Serendipity，这个用来表示"意外发现"的英文单词的出现，本身就是一个偶然。

18世纪，英国作者霍拉斯·沃波尔在给朋友的信中这样写道："印度南部的岛屿'锡兰'，用阿拉伯语叫'Serendip'。岛屿上有个传说，三位王子游览印度时，经历了许多事，并得到了智慧的启发。他们意外地发现，宝物其实就藏在人的心里面。对这个传说，我深有感触。我想，以后就把所有意外发生的偶然事件，都称作'serendipity'，你看怎么样？""Serendipity"在沃波尔以后的字句中，再也没使用过，仅此一次。如果不是他的朋友告诉了别人，这个词恐怕就不会流传到现在了。

物理学家威廉·克鲁克斯和尼古拉·特斯拉等人，比伦琴提前了好几年发现了X射线。但是，他们都没能认识到它是种新的光线，而仅把它当成了是偶然，就此不再过问了。伦琴发现X射线，也同样是偶然的造化。但他并没有对它视而不见，而是把妻子的手骨照了下来，并做了记录。因为这项发现，他获得了第一届诺贝尔物理学奖，永载史册。也许有人比克鲁克斯与特斯拉更早地意外体验过X射线，但直到伦琴，"意外"才变为了"幸运"。

克鲁克斯与特斯拉忽视X射线的理由是，他们只相信自己亲眼所见和亲身体验到的东西。而X射线在他们看来，完全不合乎逻辑。但伦琴却摆脱了"任何事物都必然符合逻辑"的束缚。他知道，真相常常是一半暴露在已知的世界中，一半埋藏在未知的新世界里。幸运，就是从发现暴露在你眼前的残缺的真相那与常识的相异之处开始的。

我们总是习惯于相信眼见为真，总是认为能看得清、容易理解、可以证明和可以预测的东西才是真实的，总是把那些不合理、不合逻辑的东西推到一旁，不予理睬。但是幸运不在我们当前可以解释、可以证明、可以预测的领域之内。而它又不是非逻辑和不合理的东西。

我们常常会陷入这种矛盾的心理之中：一方面，我们不愿意承认"幸运"这回事；另一方面，我们又期待幸运的降临，或把不好的结果归因于"不幸"。能看见幸运的人，和看不见幸运的人之间的差异，就在这里。

如果说，我们认识事物的一般认知模式，都是建立在"点"和"面"的维度上，那么，要想去认识幸运，就需要一种更立体、更全面的四维的识别模式。这要求我们要多角度地观察事物，严密地审视过去和未来，开拓出大量的可能性。运气好的人，正是拥有这种识别模式的人。

幸运来到我们身边，我们不懂得上前迎接，反而会感到害怕、拒绝。

因为我们总是习惯性地把陌生的事物看做是威胁。而它到底是不是威胁，如果不亲自去验证，看一下结果，我们又何必先入为主为它贴上标签呢？

幸运是一面镜子，"映"出的是我们的意志。只有坚定地遵循自己内心意志的人，才能期待更多幸运的光临。

## 05 要做就做第一只企鹅

**有**一句谚语,叫"像第一只企鹅那样"。企鹅们在跳进大海之前,总是面面相觑、犹豫不决,直到有一只企鹅跳进大海之后,剩下的才会慢慢地,跟着跳进海里。

企鹅们之所以犹豫不决,是出于对天敌的害怕。如果轻率地跳进海里,就有可能被海豹或水獭抓住吞进肚子里去。每当饥饿时,企鹅们会想赶紧跳到海里去捕食,但也许此刻,水里正好有海豹在等待着它们,所以就犹犹豫豫、东张西望,不敢往大海里跳。其实它们早就饥肠辘辘了。

这时,总会有一只企鹅站出来,果断地跳进大海。接着,就会出现成百上千只企鹅接连跳进大海的壮观一幕。"第一只企鹅"这句俗语的意思,是指那些在不确定或危险的情形下,第一个勇敢站出来的人。

偶尔,一个人会遇到这样的情形:"我是一直这么走下去,还是就此停住呢？"顺着内心所指的方向走下去，也许你会收获意外的幸运。在与他人的闲聊中，或许你会突然讲出一段精彩的言辞；或者在书店闲逛时，你会偶然发现一本好书。

回顾过往人生，你会发现：有时，能给我们带来小幸运的东西，就是"热情"。跟随着热情，就会自然地与幸运邂逅。但英文中"passion（热情）"这个词，起源于拉丁语"passus（痛苦）"。也就是说，热情开始的瞬间，必然会有痛苦相随。这就好像铜钱都有正反面一样。

我们都想充满热情地去做某件事，却又会出于担心，而丧失了进行下去的勇气。尤其是当那件事是别人未曾做过的、前人未涉足过的，你的恐惧感就会更加强烈。成功最可怕的敌人，不是霉运，而是"恐惧感"。恐惧，会让你止步不前，停留在这不尽如人意的现实里。

不过要记住，实现成功人生的重要条件之一，就是要接纳这"别人未曾做过的"不确定性。

## 幸运站在不确定的一边

成功人士站在选择的岔路口时，会克服恐惧选择一条路走下去，不管别人会怎么想。即使最后的结果并不令人满意，他们也不会后悔或自怨自艾。因为他们相信，前方还会有选择的机会，也许下一次，他们选择的就是通往幸运的那条路了。

未来，总是向你敞开怀抱的。

梦想成真的人，都是像第一只企鹅那样勇于尝试的人。如果他们选择的是跟在别人后面，虽说保护了自己的安全，但永远都不会第一个体验到新的可能性。

我们的人生，和企鹅的人生别无二致。我们也像企鹅一样，生活在充满不确定性的世界里。

英国的心理学家理查德·怀斯曼博士发现，在不确定的人生中，运气好的人和运气差的人之间，存在着某种差异。

自认为运气差的人，总是在寻求"确定性"。在不确定的情况下，他们不愿意第一个站出来。比起尝试挑战，他们更愿意追求那些别人经历过的、安全而确定的东西。

相反，那些运气好的人，都有一个明显的特征，就是享受"不确定性"。他们能够接受充满不确定性的现实，有时，还会自发地去创造这种不确定性。他们会去做些别人不愿做的事，尤其喜欢挑战那些别人未曾经历过的事，享受这个创造"差异"的过程。

幸运，本身就具有不确定性。大部分时候，一开始你并不能确定它是否是真正的幸运。对于第一次遇到的陌生情况，在确信它就是幸运之前，你只能把它看成是个"不确定的、偶然的机会"。

运气好的人，喜欢和这种"陌生的、偶然的机会"打交道。而幸运，也喜欢这种不怕生、明快开朗的人。

## 06

## 好运的人，背运的人

以下是几年前在网上经营饰品的O的经验之谈。

有一天，在毫无征兆的情况下，幸运女神光顾了她。那天晚上，她吃完晚饭后回到办公室加班，发现某种商品因为订单过多断货了。它是O模仿国外设计做出来的商品，之前一直没什么人气。

在查看了留言板之后，她才知道了原因。原来，当天播放的电视剧里，女主角K就戴着那件饰品。

K是位兼具智慧与美貌的人气极高的演员。但没有人知道，为什么K会戴着O的这件饰品出现在这部剧里。除非是有人赞助，否则这件事真是有点蹊跷。

就这样，O的网店一夜之间就"红了"。除了K在电视剧里戴过的那件饰品之外，其他饰品也都卖得出奇的好。

幸运，没有就此戛然而止，甚至还有人向O询问："有没有出售此网店的意向？"O心想："这不太可能吧？"于是她很随意地出了很高的价格。但是几天后，那边却说"希望面谈"。

出售网店让O赚了很多钱。为了开阔视野，她决定出国留学。

后来，O才得知那件饰品出现在电视剧里的原因：在拍摄前的休息空档，K看到有个工作人员戴的饰品很好看，就拿来"戴上试试"。之后，她忙着上场拍戏，于是就那样戴着它一起上场了。开拍后，那件饰品又恰巧被摄像机捕捉到了。因此，它能够出现在电视上，"纯属巧合"。

"世界如此不公，我连一丁点儿机会都没有。"

"我向来都没什么好运，出身也不好……"

那些自认为不走运的人，经常这么说。他们觉得，别人运气都很好，唯有自己总是与好运擦肩而过。他们的想法，貌似是对的。

一位住在美国波士顿的60岁女士琼，幸运地中过4回彩票。1983年她中了540万美元的大奖，2006年又中了200万美元，在2008年又中了300万美元。2010年初，她中了1000万美元的头彩，真是幸运至极。

与此相对，还有一些人始终不走运。法国的伯纳德，一生之中遭遇了30次车祸、17次身体受伤（包括骨折在内）、2次支票遭窃、2次自然灾害、3次火车及飞机晚点事故，还有90次以上的其他事件（包括煤气爆炸在内）。

古希腊戏剧作家埃斯库罗斯，小时候听到一次不吉利的占卜，说他会"被天劈死"。他认为"天"，指的就是雷。因此，每逢下雨天，他就紧闭门窗躲在家里，大门不出二门不迈，谁也不见。有天天气很好，可他出门以后，真的"被天劈死"了。一只老鹰叼着乌龟从他头顶飞过，不幸的是，鹰嘴里那只硬硬的乌龟掉到了埃斯库罗斯的头上。

## 幸运面前，人人机会平等

为什么有些人常有好运，而有些人却总是不走运呢？英国心理学家理查德·怀斯曼博士针对其间的差异，进行了十多年的研究。

怀斯曼博士与BBC电台一起策划了一个有关幸运的实验节目。他们发布了一些广告招募实验者。看到广告后，有些自认为"有好运"的人和自认为"不走运"的人应招来到了研究室。研究人员从中挑选出了100个人。

博士首先做了一项实验，来确认两组人之间的差异点。

实验者每人都拿到了一张准备好的报纸，他们要找出这张报纸上面有多少张照片。在报纸中间，博士提前写好了一行清晰的大字：看到这句话的人，请安静地到我这里来，跟我要钱。结果，那些自认为有好运的人走到怀斯曼面前，向他伸手要钱；而那些自认为不走运的人，却根本没发现这句话，依然埋着头聚精会神地数着照片。

博士分析道："那些认为自己不走运的人，一直处于精神紧张状态，正是这种紧张感阻挡了幸运的到来。"简单来说，就是他们"太过于把心思放在寻找这件事上"，却对眼皮底下的巨大机会视而不见。

不走运的人，一般都很贪心。受邀参加聚会的时候，他们总是会想："要是能在这里找到完美的恋人就好了。"而通常的结果是，他们总是"因为太过无聊，而提前离场"。而当他们去招聘会时，总是集中于寻找某个特定的公司或职位，因此错过了很多大好的求职机会。

有好运的人能够看得到的东西，那些不走运的人却总是看不到。

怀斯曼博士又让大家来做一个游戏，他给这两组人发铜钱，拿到的钱币正面多的一方就取胜。结果如何呢？

结果证明，他们之间并没有差异。那些有好运的人和不走运的人，他们的胜率都差不多。游戏重新进行了一次，结果都是一样。

接下来的实验，是掷骰子的游戏。掷出的点数大的一方取胜。

这次的结果，还是没什么差异，有好运的人和不走运的人，他们的胜率还是差不多。实验反复进行了很多遍，结果也没什么不同。

实验结束后，怀斯曼博士宣布："在同样的情形下，幸运给每个人的机会是均等的。"

我们总是坚信：有多努力，就会有多成功。就是说，我们总是相信：只有遵守时间、努力工作、注重自我管理的人，才能取得卓越的成就。

但现实却未必是这样。谁都不敢保证说，只要自己付出毅力与勇气，就一定会取得成功。那些付出毅力与勇气的人，常常会因"忙于寻找"，而错过了眼前的巨大机会。

原本获取幸运的机会均等的两个人，却得到了两种不同的结果，造成这种差异的原因，就在于他们对自己的信任程度不同。总是错过眼前机会的人，是那些常常连自己都信不过的人。他们总是觉得"幸运从不光顾我"，而这种不自信，常常让他们舍近求远。

这种不信任感，来自于他们曾经遭受过的"背叛"。他们中的大多数，都曾被期待已久的幸运背叛过，即久久期待幸运，幸运却始终不曾到来。他们厌恶幸运，因为幸运似乎总是眷顾那些没有资格的人。他们厌恶幸运，却又期待着幸运，试图能在远处寻找到它。正是这种复杂的矛盾，才让他们失掉了近在眼前的大好机会。

幸运不喜欢这种"内心矛盾"的人，它只会去找那些自信又从容的人们，它总是有一种避开心急者的倾向。

## 07

## 走开！我等的是幸运，不是你！

罗伯特博士以美国马萨诸塞州百森商学院（BABSON）的工商管理硕士（MBA）毕业生为对象，进行了一项调查。他利用几年来的同学录，找到了一切可能联系到的同学，对他们进行了调查。

结果，博士发现了一个令人惊讶的、连他这位数年来一直致力于传授大学生"企业家精神"的人也琢磨不透的事实——在事业上取得成功的学生，竟然还不足全部学生人数的10%。属于那10%的成功者把自己的成功归结于"勇于挑战的企业家精神"。

那么，其余90%的毕业生对于他们无法在事业上取得成功的理由，又是作何答复的呢？对此，罗伯特博士在专栏中作过专门记录：

他们当中的大多数，都说自己在"等待"，他们想要等到所有条件都准备停当时，再一次性实现成功。MBA的毕业生们，本身的实力相差无几，在学校里他们都接受同样的教育，在能力与资质上也没有太大差距。不过，一些人已经取得了成功，而另一些人却还在苦苦等待最恰当的时机的到来。

其实，并不存在所谓的"完美时机"。我们生活中的所有革新与进步，几乎都不是完美的产物，反而大部分是从意想不到的失误中产生的。

杜邦尼龙、特氟龙和3M蜡水的出现如此，家乐氏麦片与惠普喷墨式打印机也是如此。伟哥被誉为"20世纪最伟大的发明"，它的问世其实是违背了发明者的初衷的，却带来了巨大的成功。也有为治疗高血压而开发的药物，结果变成了脱发治疗剂；治疗忧郁症的药物，结果变成了治疗肥胖的药物。

世界顶级的大企业中，在研发过程中意外取得成功的也有很多。

世界级金融公司美国运通，是一家创立于1850年的运输公司。一个偶然的机会，它通过"旅行支票"打入了金融及旅游服务行业。不论是运通公司的高层管理者还是职员，都没有料到，运通会转变为一家金融公司。而旅行支票，是促成这种转变的关键。

渐渐地，运通公司的中心业务转到了旅行支票上，它也变成了一个金融服务公司。

还有毫无计划就着手创办公司，结果却成就了一番伟业的傻瓜。

1937年，毕业于斯坦福大学的比尔·休利特和戴维·帕卡德两个人突发奇想要创办一家公司。于是，公司就在车库里诞生了，而具体做什么业务，他们都还没来得及考虑。

他们的事业计划极为单纯：只要能够让他们付得起电费，又可以帮助他们离开车库的话，做什么都可以。这家公司，就是惠普。现今的惠普，已是世界信息技术行业的领跑者了。

日本的盛田昭夫与井深大也是这样的。1945年8月，他们在没有明确计划的情形下，就创办了公司。他们每天都和同事们开会，讨论能够创造利润的项目。这个公司，就是今天的索尼。

## 完美主义的囚笼

没有过成功经验的人都认为：成功应从设立明确的目标开始。他们之所以这么想，是因为他们就是这么学的。他们认为，应该先设立目标，再制订出周密的计划。不管什么事情，如果没有确切的计划，就无法付诸实施。其实，这是完美主义的中毒症状。比如，别人给他们提出意见，他们会立刻说："那样做行不通。以我所学的来看，那不是正确的答案。"

和他们不同，另一些人是"不知不觉间，就把公司成立起来了"。这些看起来过于轻率及冒失的人，是属于梦想家一类的人。

以通常的观点来看，似乎完美主义更值得称道；而那些草率地成立公司后接连失误的人，并不值得信赖。完美主义者会把理论与正确性作为衡量价值的第一要素，而草率的人则会把直觉放在首位。

因此，我们的行为模式倾向于完美主义：先进行彻底的分析和准备，然后再制订行动计划。结果常常在准备的过程中，突然发现时机已过，于是，只好长长地叹一口气。

这种行为，实际上是不敢承担风险、害怕挑战的表现。如果发现更为安全稳定的目标，我们就会立刻转移注意力，把精力集中在制订新的计划上。

日本首富、软件银行董事长孙正义主张"有七成胜算，就要果断施行计划",他表示:"在胜负概率各占一半的时候,先挑起打架的人最愚蠢。"而当胜率在一到两成的话,因为胜率太小而放弃挑战是值得考虑的。而胜率还不到一半却还要挑战的话,就是赌博行径了。九成胜率不一定就比七成胜率更有成功的把握。有些人,为了万无一失,一定要等到有了九成把握的时候再行动,可也许,早在这期间,竞争就已经结束了。

对软件银行的职员们,孙正义会长强调道:"在如今的数字时代,'七成胜负论'更为重要。要以七成的胜率为目标,条件准备到七成,就要立即执行计划。在数字时代,一周的时间都是甚为重要的。过了这一周,新的可能已经变成旧的了。"

从完美主义的圈子里跳出来后,我们就会发现从前没有看到过的新世界。追求完美主义只不过是表面的借口,试图找出唯一的完美方法也只不过是一句空话而已。倒不如用各种方法去尝试,不断对尝试中出现的失误进行修正,这样也许会取得意想不到的巨大成果。

于是,我们会看见一些之前看不到的差异,也会突然明白:之前我们通过填鸭式的教育所获取的知识,是多么的苍白无力。

完美的概念很荒唐,所谓"完美的计划"也很难进行下去。在计划实施的过程之中,会遇到意想不到的数万种偶然性,然后,完美的计划终会化为泡影。有时,计划也需要一些看起来并不完美的部分,促使其保持运转,并继续进行下去。

对完美的追求,从一开始就阻挡了幸运进入的可能性。它不给幸运留有进入的缝隙,自行阻断了上天赐予的良机。成功的人,从来不讲求完美主义。对他们来说,完美主义是个不吉利的词,它只是预先找好的借口而已。

人生,也不会是完美的。追求完美主义的人,在尝试某种与众不同的新事物时,会遇到很多困难,并且会在试图回避这些困难的过程中白白浪费掉很多时间。很多人在做准备的过程中,就提前给成功画上了句号。那些期待完美时机的人,都只能是和幸运隔岸相望的人。

好运不断的人,从来不说"完美"这个词。这些人,会一直敞开大门,随时等待着幸运的到来。他们欢迎打破均衡的瞬间,因为他们知道,不安的状况会创造全新的机会。而完美主义的信徒,为了防止意外的可能性进入,门窗紧闭。与此同时,却还在期待着幸运的光临,这本身就是一个矛盾。如果幸运来敲门,他们就会神经质地喊道:"走开!我等的是幸运,不是你!"

## 08 横财是披着幸运外衣的横祸

韩国侨胞李女士，在美国成功实现了人生扭转。她没有"老公福"，驻韩美军出身的老公是个嗜酒之徒，她忍无可忍和他离了婚。然后，经由一位教堂牧师介绍，她认识了另一位韩国侨胞，与之再婚。但此人也离开了她，还留给她一个继女。1993年，她用零花钱买了一张彩票，竟然中了1800万美元的大奖，这足足相当于200多亿韩元。它以每年支付62万美元的形式，连续支付20年。这就等于即使干坐着，每年也会有7亿韩元的收入保障。

每次买彩票的时候，我们都会在心中暗想："要是中了一等奖的话，我要和家人一起分享，还要多做些有用的事，决不会把钱花在没用的地方。要是我中了一等奖的话……"绝对没有说会在中了彩票之后随意乱花钱。

李女士也跟我们一样。她决定先利用这笔钱，做点有用的事。她听取了别人的建议，以奖金作为担保进行融资。她给继女上过的大学捐赠了150万美元建造图书馆，还给民主党捐赠了一笔巨款，这使得她受邀参加了当时克林顿总统的生日宴会。她还帮助"地区韩国人协会"筹建韩国人会馆，并被推举为会长。

她发现自己俨然是这个地区有头有脸的人物了。韩国房地产商们陆续找上门来："会长，您现在已经是成功人士了，要住在适合您身份的豪宅里。"紧接着，豪车代理商们也找来了。还有很多其他人前来寻求帮助。所有人，都带着向她索要帮助的充足理由。连那些失去联系已久的亲戚，也都坐着飞机，从韩国赶来美国找她。

当韩国侨民劝她建立财团的时候，她才突然发现，身上的钱已所剩无几了。资金见底后，开支也随之减少。人们开始心怀不满，埋怨她没有给财团的建设提供足够的资金。而与此同时，来找她的人依然有增无减。她开始回绝来访人员，但这些人都蛮不讲理，还有人威胁她。

她感觉自己做错了什么，想要把钱再重新赚回来。于是，她选择了去赌博。可在赌场，她足足输掉了40万美元。最终，在中奖之后的第八年，她接到了破产通知，所有的财产都被查封了。人们都开始对她指手画脚，说："你看，这就是过分挥霍的结果。"

彩票，往往被看成是"一星期的幸福"。虽然中奖概率极小，但在期待中度过的等待结果揭晓的这一个星期，却是无比幸福的。人们都觉得，用少许的钱换来充满期待的幸福感，也是个不错的选择。

很多人都知道"横财的诅咒"。据调查显示，在美国，巨额中奖者中的90%以上，最终都以不幸的结局告终。这已是一个广为人知的事实。2002年，一位中了全美彩票史上最高金额3000亿韩元的男人，五年后竟然沦为一名乞丐。这个故事，早已被大家熟知。

但是，大多数购买彩票的人都认为："我是个例外。"他们觉得，那些受到诅咒的人，是因为还没准备好就走了运，所以才招致灾殃的。但自己已经做好了充分的准备，因此有充分的资格中得头彩。

但其实，所谓的"准备"，大家都差不多："和自己的家人一起分享，多做些有用的事……"

同样的诅咒，也发生在了美国一位87岁的彩票中奖者身上。

"我看到很多人中奖后反而变得不幸的故事。我已经老了，连掉入不幸的日子都所剩无几了。我相信我有这个自制力，我要以领取养老金的形式，分批领取奖金，度过幸福的晚年。剩下的钱，我会在离世之前全部捐出。"

对这位老人的决心，全体美国人都感动不已。但不到三年，老人就沦落到无家可归的地步了。

## 珍惜小幸运

横财的不幸，是从"暴露"开始的。中奖者会暴露在所有人眼里，发横财的消息，会通过各种渠道迅速传播出去。那些来访者，甚至比中奖者家人知道得还要早（具体是哪些人，请自行想象）。亲戚们也会在几小时内收到消息，聚拢而来。消息传到朋友或同事们那里，也是瞬间之事。一句话，中奖者已然成了一个"万众瞩目的靶子"。

接下来就是"对人际关系的破坏"。大家会认为，所谓"横财"就是"没有主人的钱（即可以共享的钱财）"。兄弟姐妹们开始心急火燎地创业。他们采取威胁战术，防不胜防，直接拿来盖好章的合同书，就出现在中奖者面前。

在毫无准备的情况下即兴开始的创业是不会有好结果的。这些人创业失败后，就会又跑过来向中奖者伸手要钱。随着撕破脸皮的事情急速增加，中彩票时的幸福感也不翼而飞了。近亲们甚至还要求分钱，最后，即使给了钱，双方也还会吵架——对分配比例的不满，会导致他们之间口角的发生。

也有远亲或朋友提出经营事业，从经营豪宅，到游艇、轿车、高尔夫球场会员卡等，无所不有。

有的来访者，手里拿着几张所谓的创业计划书，就要求获得数亿韩元的巨额资金。"中得彩票"和"诈骗案件"，这两个词常会一起出现。而那些带着诈骗犯找上门来的人，一般都是中奖者的亲戚或朋友。

到了最后，中奖者还会被指控为"公众的敌人"。因为，对所有来访者的要求，他不可能一一应允。随着被拒绝的亲戚、朋友（朋友的朋友）以及同事数量的增加，中奖者便会沦落为"这个世界上最坏的人""见利忘义的恶徒"。

一开始，中奖者也和我们有一样的想法："就给他点儿吧。"

可不久后便会发现，自己竟然和这么多的人都有着直接或间接的联系，直到对许多人提出的异想天开的计划达到无比反感的地步。他们嘴里提到的事业，常常是中奖者从未听说过的。想都不用想，这些人肯定是来白要钱的。

在这期间，中奖者所感受到的绝望与痛苦，会让他们在短期内就倾家荡产。从周边人那里感受到的背叛与侮辱，使得他们会最终做出极端的选择："干脆我自己全部花光算了。"这是对周边的人突然间变成诈骗犯的一种歪曲的报复心理。

当然，并不是所有的中奖者都愚蠢到守不住财产而自行灭亡。但是，那些亲眼目睹中奖者衰落过程的人，仍然以为"我是个例外"。

"害怕受折磨的话，搬家或者干脆移民到国外不就可以了吗？"

并不是没有中奖者这么做过。有一个中奖者，搬到了安保设施完好的高级住宅区,可以用高级警卫系统把不受欢迎的客人封锁在外。但消息传开后,孩子们在学校开始不受大家的理睬,备受冷落。于是他想:"怎么中了彩票,反而成了罪人呢?"然后就又搬家了。

也有些中奖者,即使搬到了国外,那里也有很多侨民,消息也会不胫而走。之后的事情不用我说,大家也能自己预料到了。

发横财的人,都想在适当施善的同时,幸福地生活下去,但这世界根本不会让他们这般生活。有些中奖者,即使把奖金全部捐赠出去,也不能摆脱困境,来访的人还是接连不断。有些人几年后才出现,说自己是刚刚得到消息,然后便开始申请自己"应得的权利(他们说,因为彼此认识,所以有这个权利)"。

了解内情后,我们便会知道:发了横财以后,是很难坚强挺下去的。彩票是没有眼睛的,不是只有"准备好的人"才会中奖。在一次性取得巨大成功的大幸运里,存在着"暴露和成为靶子"的危险。撞大运后希望不被外人知道,只能是个白日梦。就连在公司拿到创意大奖50万韩元,也要在同事的纠缠下不断请客,这就是需要承受的额外负担。

并不是只有大运气,才是好运气。相比大运气,世界上有很多容易获得的"小幸运"。只是,很多人并不把这种小运气看做是幸运,所以才会说"我一直是个很不走运的人"。

大部分成功人士,都是会捡拾小幸运的人。比起大幸运,小幸运更容易遇到,是种胜率较高的游戏。成功人士是不会放过拥有胜算的游戏的,他们懂得珍惜小幸运。把这些小幸运一一聚拢在一起,就会变成大幸运了。成功人士与普通人的差异就是,他们会善待这些小幸运。有时,这些小幸运,其实是伪装起来的大幸运,抓住它,巨大的成功便会随之诞生。

而收集到小幸运的人,是不容易引起大家注意的,因而就没有"暴露或成为靶子"的危险了。

## 09 用放松为幸运编织一张温床

据说LG集团名誉会长具滋暻，从先父、LG集团创始人具仁会会长那里受到过严苛的商业管理训练。从晋州师范学校毕业后，他一直致力于教育事业，后来接到父亲的指令，进入了父亲的公司工作。

1940年，LG开始生产商标为"Lucky"的面霜；1947年，创建了乐喜化学工业社（现LG化学）；1952年，LG进入了塑料行业，具仁会让儿子来负责工厂生产。具滋暻由于凌晨就得开始给商人发货，白天在工厂工作，晚上还要继续加班，他只得以野战训练服和简易床铺在工厂里过冬。

周边人看到父亲给儿子分配如此繁重的工作量，都啧啧称奇、表示不解，而具仁会会长却说："铁匠制作一柄锄头，需要反复地淬火锤炼钢铁。我也一样。我正是因为很看好我儿子这块'铁'，所以才会那么锻炼他。"

无能的父亲，担心儿子超过自己；稍好一点儿的父亲，希望儿子能跟自己实力比肩；伟大的父亲，则希望儿子有一天会超越自己。他会把儿子培养得无比强大，并希望有一天，他可以踏在自己的肩膀上，飞得更高。

具滋暻在塑料工厂工作期间，收获颇丰。对车间工作，他已经了如指掌。工作时间之外，他还阅读了大量书籍。通过阅读，他又汲取到了各种营养。通过在夜间加班闲暇时的思考，他还收获了深刻的洞察力。这些，都是无比重要的财富。

人们认为，坚持是一切事情取得好结果的先决条件，创新也不例外；人们还认为，只有在读书中获得启发，然后再做出的决定，才是最有价值的。

但其实，这都只是人们的幻想而已，事实恰好相反——在悠闲放松的状态中，更能产生创新思维。散步或洗澡时，或是赖床不起的瞬间，常常会收获很多意想不到的灵感。

这种感觉，就好像幸运女神来到你身边，给了你灵感的启发一样。

阿基米德在洗澡的时候，突然跑出来大喊："eureka（我有主意了）。"爱因斯坦说："洗澡时的思维，比在研究室还要活跃。"在每次研究遇到难题的时候，爱迪生都会跑去江边钓鱼，他说："是风和阳光，给了我灵感。"

放松的时候，我们的大脑会释放出一种名叫"阿尔法"的物质，这种物质能促进大脑进行创造性的活动。

## 在休息玩乐中，抓住思维的端绪

创办微软的比尔·盖茨，每年都会有两次隐居的休息时间，每次一星期左右。在这期间，为了使他得到充分的休息和放松，连家人和朋友，都不得随意出入。

华尔街日报的记者在向比尔·盖茨承诺不公开其隐居地点后，对其进行了为期一天的访问。结果发现，他果真是一个人。比尔·盖茨看起来多少有些无聊，他对记者说："谢谢你的到来。"每天，除了吃管理人员给他送来的两顿饭菜以外，他一整天都独自一人在二楼的卧室里来回徘徊。

作为微软董事长，他每次所做出的重大经营战略，都是在休息期间完成的。网络浏览器市场上的波浪式进攻（与网景的战争）与打入视频游戏市场的战略决策(X-BOX)等，都是如此。事业上的隐退与加入慈善业的决定，也都是这么做出的。

科学家表示："休息得越充分，大脑就会越敏锐。过度的深思熟虑，反而会导致判断失误。"很多时候，我们一瞬间选出来的答案，往往比重新修改后的答案更为正确。

美国心理学家安德鲁·贝弗里奇博士在报告中指明："当我们暂时把纠结的问题抛开，沉浸在休息之中时，会涌现出很多奇思妙想。"同时，他还指出："也有人，沉浸在个人兴趣中，做些与工作毫无关联的事情，却突然遇到了好运气。"人们常常会在听音乐、盖木屋或慢跑时，做出起决定性作用的选择。贝弗里奇博士还说："一个人的兴趣爱好是什么并不重要，重要的是，它对一个人的直觉起着积极的作用。"

许多人都有过这种经验：被关在会议室里，开一场"绞尽脑汁的会议"。在有效的计划被提出之前，所有人员必须得一遍遍地做着无聊的

"接话游戏"。

无能的上司皱紧眉头,大家提出的好想法在他耳边一一飘过,时间却仿佛停滞了一般。

最后,会议终于结束。员工们走出会议室时,都无法理解"怎么这种会议,还得开这么久"。这是没有碰到好上司而产生的不幸。

相反,有些上司,在会议进行不顺利的时候,会把会议时间改为"休息或娱乐时间"。上司会让职员们先抛开烦恼,尽情地想些或做些别的事情。事实上,很多企业在公司内部设置了棋牌游戏室或休息室,以供职员放松。

有趣的是,恰是在休息或玩乐时,有些人会突然抓住思维的头绪。重新开始的会议,也会以极快的速度进行下去,大家兴致勃勃地讨论,气氛异常活跃,好想法会在一瞬间迸发而出。

运气好的领导,会积极地奖励职员们休假。他们认为,只有让员工好好休息,才会让他们更有精力效忠于公司。有时,领导会让员工去些从未去过的陌生地方旅游,这对职员们来说,是件一举两得的事:不仅可以旅行,还可以在完全不同的新环境下获取灵感。

运气不好的领导,每次开会时,都会催促员工"使劲动脑筋"。相反,那些运气好的领导,会让员工"先休息下大脑"。这是个有趣的差异,同时也是个经验之谈。有时,当一个人在屋子里徘徊,徘徊到大脑一片空白时,反而会出现绝妙的想法。而这些想法,在你苦苦思索时,往往想不到。

幸运女神总是喜欢在那些努力途中放松的间隙光临。头脑完全放空的时候,会有一滴灵感滴落下来,这就是所谓"放松中的幸运"。

## 10 隐遁的智慧

星集团创始人李秉喆会长,生前经常给朋友写毛笔字,他最喜欢写的是这三个字:运、钝、根。

要想取得事业上的成功,就必须要有好运(运)。要是现在没有好运的话,就要憨直地等待下去(钝)。有好运的时候,还需要有韧性(根),才能把好运完全变成属于自己的东西。

其中,"钝"也含有"隐遁"之义。

李秉喆在他事业的鼎盛时期,就已经被称为隐遁的经营者了。隐遁含有"静观岁月之流动,耐心地等待"之意,还有"隐居"的意思。李秉喆就是这样,不太喜欢公开露面。 经营学家认为,使李秉喆成为大企业家的动力,正是这种隐遁生活的思想。

在27岁那年,李秉喆已是拥有众多资产的大富豪了。但随着日韩战争的爆发，他的事业被击垮了，他的成功也在一瞬间幻化成了泡影。于是，他转让出了手下的粮食加工厂和运输会社，偿还全部债务以后，就到中国旅行去了。

坦然地接受了第一次失败之后，李秉喆开始了一段隐遁和思考的岁月。从中国回来后，李秉喆又成立了酿酒厂和三星商会，然后，他突然把事业交给了其代理人，便回老家了。这一次，他又在故乡过起了隐遁生活，以等待时机。解放以后，他的事业开始进入了高速成长轨道。

经营学家指出，李秉喆的隐遁思想里，有帮助他做出正确判断的冷静洞察力。当出现巨大变数的时候，需要冷静观察的智慧。就是说，静静地站在一旁，不露声色地观察。如果自身力量不足以抵制这个变数，就一直等待，直到变数自行消失或改变为止。

李秉喆隐遁经营的理念，一直延续到了李健熙会长身上，他同样很少在公众前露面。不只是李健熙会长，大多数大企业的会长们都不会随意露面。除非是参加必要的企业活动，否则，他们不会随意出现在公共场合。

## 不幸女神的靶子

实现成功很难，想要把成功延续下去更是难上加难。通常，幸运女神一离开，不幸女神便会随之而来。

能够延续成功的人，都懂得实践李秉喆会长"钝"的智慧。轻率的举动，往往会被不幸女神发现。她会格外注意人多而吵闹的地方，因为越是人多的地方，越容易发生事故。守得住成功的人，从享受幸运的那一刻开始，同时会为应对不幸做准备。因为他们心里清楚，幸运会随时离自己而去。而如果做好了充分的准备，即使遇到了不幸，也能把损失降到最小。

有时，他们也会陷入逆境里。但这是他们自己选择的逆境，不是不幸，是"挑战"与"准备"。用李秉喆的话来说，就是根。

在逆境中的隐遁生活，能让人们放远目光。纷扰拥挤的地方，只有竞争。在那种地方，是很难遇见幸运女神的。邂逅幸运的机会，在逆境中反而更多。境况看起来越是困难，越是充满了不确定性，竞争者就会越少。因为人们不愿意挤在艰难又看不到未来的事情上。

人与人之间实力上的差距，就是这样拉大的。通过艰难的隐遁生活磨练出来的实力，与没有经过挑战和变化的安逸生活里养成的实力相比，有着天壤之别。这种差异，不是像余额多少、公寓大小或汽车排气量多少那样，可以用数字衡量，而是只有具有一定眼力和水准的人才能察觉到。

古代罗马的阿提库斯（Atticus）为了躲避不幸女神，一直谨小慎微地生活着。阿提库斯，这个古罗马时代最富有的人，把"决不露面"作为他人生的首要信条。但他的财产多到让那些权力者不能放过他，政治家们也纷纷向阿提库斯的财产投出了觊觎的目光，他们需要用其钱财来扩张自己的势力。

阿提库斯坚守自己的信条，与当时的掌权者庞贝·玛格努斯、他曾经的敌人凯撒以及凯撒曾经的同性恋人安东尼等，都和睦相处着。给政治家们的资金，他全都以"借出"的方式提供。还有，虽然西塞罗是他从希腊留学时期就认识的朋友，但他却很少与之往来，他从来都拒绝这些危险的见面。

激烈的权力争斗时期，凯撒被他的部下布鲁图斯给暗杀了。西塞罗也被安东尼的部下暗杀了。庞贝·玛格努斯败给了凯撒后，逃到了埃及，结果也被暗杀了。安东尼，在亚克兴战役中败给盖乌斯·屋大维后选择了自杀。

而阿提库斯，却从那个时代的危险与动荡不安中，成功地保全了自己。77岁时,他得了不治之症,于是他选择了没有痛苦的安乐死。与那些政治家们不同的是,连人生的终结,他都是幸福的。

偶遇幸运的人,一般都会到处露面炫耀,以期得到他人的认可。当不幸来临的时候,他们也会争先恐后地站出来对抗不幸。因为在气焰嚣张的他们看来,不幸没有什么大不了。与不幸对峙的傲慢,会把他们带入到比遇见幸运之前更为悲惨的处境。

大多数暴发户,下场都很不幸,因为他们喜欢四处露面,最终变成了"靶子"。那些突然中了巨额彩票或是通过房地产开发而坐到钱堆儿上的人,是很难把好运一直维持下去的,他们最终的下场,往往都是家破人亡。

通常,第一次见到那些有钱人的时候,你一眼就会看出来他们是不是暴发户。其原因,就是上面所说的这种差异。他们的言行举止和着装中"显露出来的风格",可以确信无疑地告诉你他们是不是暴发户。

鳄鱼隐藏在沼泽地里只露出两只眼睛在外面,不被其他动物看到。等到猎物来到,它就会闪电般地冲过去将其抓住,把它按在水里,使其窒息而死。等到下一次猎物来到之前,鳄鱼还是会躲藏在沼泽地里,只露出两只眼睛在外面。

善于管理成功的人,都是过着鳄鱼般的生活。

艺人的工作之一,就是要整天出现在公众面前。但是其中最顶尖的明星,都是过着鳄鱼般的生活。他只在工作的时候出现在大家面前,工作结束后就会立马消失,隐藏起来乐享隐遁生活。在没人瞩目的地方,准备着下一次的变身。

懂得正确使用幸运的高手们,会在不显眼的暗处坚持做自己的事情。等幸运之机来临时,他会立马出来捉住它,片刻之后,就又消失不见了。他们不会让自己成为引来不幸女神的"靶子"。

## 用态度给幸运颁发一张通行证

一位男子一直在盼望着一次人生大逆转。每天凌晨,他都会向神灵祈祷。

"神啊,我的人生太悲惨了,请您帮帮我吧。我年老的母亲卧病不起,妻子和儿子每天都在忍受着饥饿的折磨。"

他每天这般祈祷,坚持了十余年。但到来的依然只有不幸。在此期间,母亲病逝,妻子也丢下他和儿子离家出走了。男子把这些都怪罪于神灵。

"我如此真切地祈祷着,但对我的祈求,您却从不搭理。"

这时,传来了神的声音:"我虽是神,但也没有办法帮助你。你想想,在这十年间,你都做了些什么?你有没有去找过工作,或是买过彩票?"

对此,男子无言以对。

幸运虽然给所有人以同等的机会，但有些人，却连近在眼前的机会都给生生错过了，他们总是无视、怠慢，甚至赶走机会。

理查德·怀斯曼博士通过数年来的面试与实验得知，那些迎接幸运者和赶走幸运者的差异，体现在思想与行动上。运气好的人，会接连遇到幸运，并通过这些幸运获得持续的发展。机会，总是接连不断地在他们手中创造出来。很多偶然性，其实都是潜在的机会。

博士通过5种要素，分析了两组人之间的差异。这5种要素是：

· 好感性：理解与关怀他人的程度；
· 自控性：自我控制与意志坚定、目标清晰的程度；
· 开放性：对新经验和新方式的接受程度；
· 外向性：与不同人之间的交流和相处的程度；
· 沉稳性：从容的态度与对自我的坚持程度。

得出的结果，多少有些令人意外。对好感性与自控性的研究结果显示，两组人员之间，并没有太大的差异。也就是说，不是只要拥有出众的外表或是毕业于名牌大学，就会有好运气。

而在开放性、外向性及沉稳性这三个特性里，两组员之间，却显示出了明显的差异。运气好的人，会对各种各样的可能性都敞开心扉，他们总是积极地吸收新鲜事物，即使失败了，也不会动摇。

而运气不好的人，机会也很少。他们从不会为制造机会而努力，即使遇到了幸运，他们也意识不到，于是，很多机会就那么与之擦肩而过。

理查德·怀斯曼得出的结论是：不能简单地把幸运看成是偶然性的结果，幸运是否会到来，很大程度上取决于你的态度。幸运，从不是什么神奇的能量或是上帝赐予的礼物，而是取决于一个人的心态、思考方式与态度。

怀斯曼博士想知道，好运之人的这些特征，在其他人身上，是否也一样适用。于是，他把"有"恋爱运和"没有"恋爱运的人分为两组，以后者为对象，展开了一次研究。

怀斯曼博士让这些没有恋爱运的人，比照有恋爱运的人那样改变生活习惯，并让他们制定出自己的行动指南，记录在手册上，随时检查与确认。同时，他还建议他们，不要缺席会议和聚会，要一一不落地全部出席。

几个月后，他对他们重新进行了调查。

变化相当惊人，其中超过80%的人已经有了异性朋友，他们对博士说：

"没有比现在更幸福的时候了。"

"我的运气真好，一切都是那么美好。"

在BBC的纪录片中，理查德·怀斯曼博士说过这样一段话："你的未来不是一成不变的，一生之中遇到的幸运，没有固定数量。你可以自己去改变。你可以亲手去创造幸运，也可以自己扩大与幸运邂逅的机会。你未来的命运，掌握在你自己的手里。"

## 一杆进洞的幸运

幸运女神变化无常，你从不知道它会出现在哪里。但纵观人类的历史，有一点是确定无疑的，那就是，幸运女神更喜欢有准备的人。最明显的一个例子，就是高尔夫球的"一杆进洞"。

在规定的起点开球后，一次性击球进洞就叫一杆进洞。一杆进洞对高尔夫球手来说，是个极大的幸运，因为它出现的概率，比获胜的概率还要小。美国高尔夫专家们计算出，那些只在周末练习高尔夫的业余球手，一杆进洞的概率仅为1/7500。

即使是那些终身都在练习高尔夫的业余球手，或是有名的职业球员，他们中，也有很多人没有过一杆进洞的经历。朴世丽是在2008年她31岁时才第一次尝到了一杆进洞的滋味。不久前，参战韩国高尔夫球赛的一名女职业球手，打出了一杆进洞的好成绩，得到了一辆宝马车的奖励，这辆车的价值相当于优胜奖（6000万韩元）的三倍。

尽管这样，打出一杆进洞，也不是百分之百全靠幸运的，它也需要实力——正确击球，使它直接飞向旗杆方向的实力。没有这种基本实力，就根本不可能打出一杆进洞。

对来自南非的高尔夫球员加利·普莱尔，美国的高尔夫球员们评论说："加利的胜利，只是因为运气好罢了。"可加利却给出了尤为机智的回答，这让他的球迷们很是高兴。他说："是的，我确实是个幸运儿。可我越加努力练习，幸运就会越发地跟着我。"

## 12

## 幸运喜欢的三件事

幸运也许就在你附近打转。吉姆·佩曼就是从一个儿时起就异常熟悉的地方,找到了巨大的幸运。

1985年,他的第一个创业计划,是生产割草机。刚开始,周边人都在议论:"那算什么事业,不觉得丢脸吗?"但佩曼却把这些嘲笑和质疑当成了耳旁风,结果,他的割草机公司大获成功。

1997年,他又开设了给宠物狗洗澡的业务。他亲自到别人家里或工作地点,给宠物狗们提供沐浴和美容服务。这次创业,又获得了巨大成功。

吉姆·佩曼的给宠物狗洗澡的服务,和一般宠物美容中心的服务不同。他特制了红色的服务车,里面浴池、水箱与各种宠物专用美容用品一应俱全,狗狗的主人不需要担心屋子被弄得一片狼藉。

在澳大利亚,有多达40%的家庭养狗。据推测,养猫的家庭也有25%

以上。每年，光是用在宠物身上的费用，就高达3兆澳元。

佩曼的事业，并没有到此为止，他还开办了清洗游泳池、修复篱笆、刷墙、修理窗户、修整庭院等各种连锁业务。

如今，他已是一位经营着世界级连锁店的成功企业家了。在澳大利亚、英国、加拿大等国家，他一共拥有3000多家连锁店。

在接受澳大利亚媒体采访时，他说出了自己的成功秘诀：

"从小，我就喜欢做家务。家务并不是没用的杂活儿，它可以充分发挥你的创造性。割草一直是我最为喜欢，也最有自信的部分。开始创业后，我拜访了很多家庭，结果，我又发现了许多新东西。给狗狗洗澡，也是这样开始的。我觉得我很幸运，不仅给别人带去了帮助，还让自己赚了不少钱。

"早知道工作是现在这样，我还会这么选择吗？"

大部分工作都很令人痛苦。你努力地工作，可收获回报的过程却并不平坦。你总是认为，自己心里其实另有想做的事情。

"这项工作，我只做五年，攒了钱之后就……"

几年之后，每当听到上司唠叨时，你还是会这么想："什么？这哪是为了我自己工作呀？纯粹是为了你。我那么拼命地工作，到头来，得到业绩的是你，晋升的也是你。咱们走着瞧，十年以后我就……"

十年过去了，你仍然没能离开原来的工作岗位，除了升职和涨了一点儿工资以外，你并没有太大的提升。

越想，就越觉得自己可怜，你终于忍无可忍："为什么我要给别人工作，痛苦地浪费我的人生呢？一直在被利用，老了之后，还会被赶出去。最后，钱也没攒下来，技能也没学会，到时候，我该怎么办呢？"

就像这样，你认为你现在所做的事情并不是为了你自己。对工作，你感到乏味和厌恶。但其实，大部分人所做的工作，都是自己喜欢的，并且时间越长，喜欢上它的可能性也越高。

因为，人们会不由自主地寻找自己喜欢和擅长的事情来做。除非别无选择，否则大部分人，都会选择适合自己的工作来做。只是，因为不能满足自己的要求，所以才对其充满了蔑视。

如果长久以来，你都在做着自己极其厌恶的工作，那么，你有必要重新思考一下了。

能够坚持到现在，说明你已经具有了很了不起的能力。以这种忍耐力，大概这世上，没有什么其他事情，是你办不到的了。

好运之人，会在工作中找到"自我意义"。意义，会带来价值与满足感。他们喜欢并享受自己的工作，与"迫不得已才做工作"的人，完全是两种状态。

## 为别人做的好事最终会变成为自己做的好事

一位年事已高的日本木匠想退休，他把自己的想法告诉了老板，老板提出了一个请求："这么多年辛苦您了。但最后，我想请您再为我建造一座房屋。拜托了。"

木匠并不情愿，但老板与他一起共事了30余年，难以回绝其请求。

炎热的夏天里，木匠一边做木工，一边不停地埋怨："该死的，这么热的天，还要受这种苦。我真是，一生都为别人干活的命啊。"

突然，他有了一个主意："嗨！不管了。反正都是给别人干，糊弄下得了。"于是，他开始偷奸耍滑。原来要钉很多遍的钉子，他只钉一两遍，木材的接口也没有严丝合缝地对上。

虽然刮台风时,房子会有塌倒的可能性,但他心想:"这都与我无关,反正是别人的家,又不是我自己的。"他一边糊弄着干活,一边消磨时间,老板来的时候,才装模作样地认真工作。

终于,工程结束了。老板环视了一下房子,然后,充满感激地说:"藤原先生。辛苦了!作为对您辛苦付出的报答,我要把您亲手建造的这座房子,送给您。"

木匠惊讶万分,他没想到,老板会把房子作为礼物送给他。

他转头看向房子,不觉长叹了一口气。

直到这时,他才领悟到:"为别人做的好事"最终都会变成"为自己做的好事"。到了结束人生中最后一项工作时,他才明白了这个道理。如果你现在正做着自己喜欢又擅长的事情,这就是相当成功的人生了。但是,那些见过更多世面的人说:"不要满足于此,多做些对别人好的事情吧。"

多做些利他之事,会让你收获特别的机遇。竞争者看不见的机会,你会看见。之前错过的东西,也会以新的意义,重新出现在你面前。

幸运,除去中彩票和中奖品之外,大部分都是通过"工作"得来的。工作上,如果你具备了三种特质的话,幸运女神会立刻赶过来找你。这三种特质就是做"我喜欢的事""我擅长的事"和"利他之事"。幸运,不会出现在不着边际的地方。

电脑专家不可能变身为撑竿跳选手,获得奥运会的金牌。只有当天生的才智与自身的长处(即"喜欢的事")结合起来,并作为意义传达给你时,你才能唤来幸运。

只有当上面所提到的"三种特质"全都具备时,幸运才会来找你。这种观念上的、看不见的差异,提升了好事(对自己也对别人好的事情)发生的可能性。随着利他之事的增加,感人的故事就会出现,生活也会随之改变。

# Part 2

# 踏在幸运肩上的人，踢幸运屁股的人

> 直到幸运消失之前，你都不知道，那就是幸运。
> ——西班牙俗语

## 01 朝令夕改不是丢脸的事

**假**如，你经由偶然的幸运实现了成功，但不能使成功延续下去，那幸运的意义就黯然退色了。惰性，会把幸运变成无用之物。有时，即使你发现了幸运，也有可能因为无法摆脱对现状的依赖，只能白白地看着机会飞走。

2005年，三星电子建立了新的数码构架之后，决定进行人事调整，重新对人才这种最重要的战略资源进行整合。

公司把300名半导体工程师从半导体事业部转到了TV事业部。三星电子每个部门的负责人都不一样，不同部门的职员拿到的奖金也不同。从这点来看，TV事业部一下子接收了半导体事业部300多名人员，这在三星历史上还是没有过先例的。经过半导体工程师们的努力，三星电子TV事业部拥有了可以与任何对手一较高下的数码电视技术基础。

以工程师的重新配置为起点，三星公司又进行了产品设计和市场营销的战略性革新。仅仅两年后，他们就成功晋级为世界第一的电子产品生产公司。要成为第一，是需要运气的。这需要竞争者的失误与松懈，再加上一些微小的偶然性。

不过，除开运气，三星的成功多半要归结于自身的努力。他们的成功，是名副其实的。这里面，有让出300多名优秀工程师的半导体部门的功劳，有史无前例接受这些新人力的TV部门的功劳，还有协调其中整个过程的管理团队的功劳，他们都是把幸运和成功联系起来的纽带和主力军。即使是天才，要成功地从现状中脱离出来，也不是件容易的事。

三星电子的成功因素中，最引人注目的部分，就是"敢于朝令夕改"的原则。三星的管理层们认为："为了最后的成果，即使朝令夕改，也不算什么丢脸的事儿。"

朝令夕改的意思是：早晨才发布的命令，晚上就改了。形容没有长性，常常用作贬义词。

然而，随着数字时代①的到来，人们对朝令夕改也有了新的理解。在过去的模拟时代②，因为变化的速度比较慢，如果对已经做好的决定立马做出反悔，会被别人误以为是两面派。但数字时代，事物发展得极快，甚至连早晨、中午、晚上都完全不同，是一个充满未知、实时更新变化的时代。世界运转的规则，随时在向着无规则转变。这种变化，会让那些爱面子的人极为不适应，他们会为了保持面子而错失很多良机。

相反，那些懂得朝令夕改、适时改变言行的人，会在如今这个充满

---

① 数字时代：用数字信号传输信息的时代。——译者注
② 模拟时代：用模拟信号传输信息的时代。——译者注

"创意与速度"的时代里发现幸运。

这些人为了得到好结果,从不会预先考虑颜面。不管是什么人,只要有需要,他们都愿意对其低头下问,谦虚地请教答案。

即使成为了第一,也一样可以朝令夕改。在三星,有这样一句话:"在模拟时代,只要当上了第一,就可以维持十年之久。但在当今的数字时代,你不上去(on),就得下来(off)。"

数字时代的幸运会突然到访,也会出其不意地消失。我们需要随时做好朝令夕改的准备,才可以与幸运保持近距离的接触。

## "to be" 还是 "to do"

年轻时,我们总要做出选择,是要把人生的重点放在"to be(做人)"上,还是"to do(做事)"上。

选择"to be",是一条相对安稳的道路,大多数人都做出了这样的选择。当然,这并不是说这种人要委曲求全,注定碌碌无为,确实有人能够坚定不移地向着心目中的理想形象前进,取得了卓越的成果。

选择"to do",把某件事情的成功与否作为衡量自己成就的标准,虽然生活的安全系数会降低,但可以让你从多样性的选择和挑战中找到乐趣。以事情的结果为行动的准则,会让你更少地受到他人的期待和意见的左右,更加灵活地在人生的车道上转向。

很多人将自己的人生限制在了"to be"的领域。因为,当你实现了"to be"的目标,成为了某种人后,很有可能会陷入心理上的软禁状态(feelings of confinement)。

仔细观察，你便会发现，大部分以"to be"为信条的人士，都不再给自己留有幸运靠近的余地。他们畏惧别人质疑的眼光，根本无法"朝令夕改"，再加上，那些年轻时就获得成功的人，很少会进行内省，而是沉浸在骄傲自满中。从一开始，他们就是"颜面"的奴隶了。"to be"会让你离幸运越来越远。这个选择，固然让你得到了安全感，却也让你失去了无限的可能性。

如果想在变化之中找到幸运，想把自身的可能性完全敞开在幸运面前的话，那么，你应该选择"to do"。当然，并不是说，只要这样就一定会遇见幸运。只有在充分的碰撞、受伤中，在循环往复的"朝令夕改"后，幸运才会到访，就好像它一直在旁边关注着你一样。

发明了飞机的莱特兄弟闻名于世。可在20世纪初他们进行那次飞行试验时，全美国的焦点，却是同样研究飞行的塞缪尔·皮尔庞特·兰利。他大张旗鼓地为试飞做了许多准备，还从国防部拿到了5万美元的投资，并且召集了这方面最优秀的人才，媒体对这次试验进行了全程的跟踪报道，还发表新闻称"飞行成功在即"。

而莱特兄弟，却没有任何人关注。美国人做梦也没有想到，连大学门槛都没迈过去、依靠开自行车铺筹集来资金的莱特兄弟，会做出如此伟大的惊世之举。但他们成功了，被永远地载入了史册。

学者们分析，两组飞行试验的结果之所以不同，是因为各自的出发点不同。兰利是想通过这次成功的飞行成为名人（to be），他把这次飞行看成是成为全民明星的机会。而相反，能在天空中飞翔这件事本身，就是莱特兄弟的梦想（to do）。

## 02 走在前面的早期采用者

**任**职于政府部门的一位事务官K先生,是单位里出了名的数码发烧友。虽然是一般的行政人员,但他也经常跟IT部门的负责人交流,互相交换信息与想法。

其实,就在四年前,他还是个只会用电脑处理文件、用手机通话和发短信的"电子盲"。作为一名公务员,每天忙于工作,他对IT领域根本没有一点儿兴趣。然而,他的妻子是一名游戏公司的设计师,耳濡目染下,他对数码产品的兴趣也变得日益浓厚了。妻子是属于那种只要有数码新产品上市,就立马要试用一下的发烧友。通常,她会买来产品,使用一段时间之后,再将其转手卖掉。或者,直接加入各种体验团亲身试用。

刚刚开始恋爱的时候,他对妻子的这种"浪费癖"非常反感。但看到她对服装和首饰不感兴趣,所以他想:这些东西,应该是用来代替那些的吧。后来，随着跟随妻子参加各种展会、活动、俱乐部次数的增多，他也逐渐对IT行业产生了兴趣，开始试着去搜索相关网站、阅读相关书籍，最后，他的发烧程度，比起妻子竟然都有过之而无不及了。

现在，K先生在部门里，也越来越受到重视了。各部门在收集或发表与IT有关的政策之前，都会预先拿给K先生过目，有时还会专门请他吃饭。

对自己，K先生是这么评价的：

"虽说不是很出类拔萃，但我有一种作为一名'早期采用者[①]'的自信感。别人还无法想象的新世界，我都可以预先体验得到。走在别人前面的感觉，虽不过几步的距离，却能让我感觉很兴奋，也很幸福。"

未来学者阿尔文·托夫勒，在他的新作《财富的革命》一书中预计，生产型消费者（Prosumer）一词——将生产者（Producer）与消费者（Consumer）结合在一起的新词汇，在未来的影响力将大幅上升。经由产业化到信息化时代的过渡，顾客，不再单纯的只是产品和服务的消费者，在产品的开发与扩散中，他们也同样发挥着积极作用。早期采用者与专业消费者紧密地联系在一起，有着相当多的交集。这种趋势，还将继续下去。

对于早期采用者来说，他们对新产品的购买，已经远远超越了"拥有"这个意图。他们的购物，是出于兴趣和自我表现的欲望，并不是出于无聊。很多大企业的高管们，都主动地成为了早期采用者，也是出于同样

---

[①] 早期采用者：early purchasers。早期采用者是新产品采用者类型之一，这类采用者多在产品的介绍期和成长期采用新产品，并对后面的采用者影响较大，他们对创新扩散有着决定性影响。——译者注

的理由。当新产品上市的时候,在热情、好奇心与实验精神的促动下,他们也会熬夜排队去购买。

## 对幸运来说,不耻下问就意味着准备完毕

美国记者兰德尔·菲茨杰拉德,在采访了各类好运人士后,得出了这样的结论:"他们非常积极,乐意尝试新鲜事物,而且容易接受新变化,因为他们知道,这里面一定蕴涵着新机遇。"

这与理查德·怀斯曼博士的实验结果如出一辙。怀斯曼博士的分析结果显示,在"开放性""外向性"及感情上的"沉稳性"这三个方面,好运之人与普通人之间,存在着明显的差异。好运之人,会向各种可能性敞开心门,积极地吸收新鲜事物。

如果仔细观察那些具有开放性的人,你会发现他们总是认真倾听他人的意见以及别人传播出来的信息,然后再将它们活用为自己的东西。他们还总是勇于尝试,积极探索。遇到困难时,他们会动用各路人脉,以求得帮助。他们会将各种人的力量和信息综合在一起,然后为己所用。

像K先生这样的早期采用者身上,也有着类似的特质。各个领域的人士,通过相同的兴趣、爱好与好奇心聚集在一起。他们通过互联网与手机,随时交流信息与寻求帮助。有时,他们也会在聚会上见面,然后共享经验。不论男女老少,不论是谁、是什么职业、是否成功、年长还是年少,这些都不重要。重要的是,他们会分享彼此带来的新鲜信息与有用的经验。

这些人认为,不懂就问是件再正常不过的事情,他们还会不耻下

问——向地位比自己低、学识比自己少的人请教。

史蒂夫·乔布斯是位世界有名的企业家，也是iPad、iPod、iTunes Store、iPhone等经典产品的缔造者。但巨大成功之于他，也是不久的事。之前，他推出的NeXT、iMac等产品，都没取得真正的成功。虽然产品本身的技术和设想都很好，但因其独有的封闭系统，很难提高市场占有率。

实现了iPad的成功以后，乔布斯说出了自己的感悟："年轻人只有通过自己的方式亲身体验以后，才能学到东西。"

史蒂夫·乔布斯也是通过不耻下问，才找到了幸运的机会。也许，不耻下问在变化多端的幸运女神看来，就是"准备完毕"的意思。

当今这个急剧变化的世界，对早期采用者来说，是极为有利的。数码产品在我们生活中的主导性地位越来越明显，会让开放性和包容性创造出更多的幸运机会。

获得幸运机会的关键词是好奇心。虽说我们没有必要像数码发烧友那样，扎堆排队购买那些昂贵的数码产品，但重点是，你以何种姿态来应对当今这些接连不断的变化。

对于这个日新月异和充满未知数的世界，你已经敞开心扉了吗？还是正在忍受着压力的折磨？或者出于自尊心而装出一副什么都"知道"的表情？

21世纪的幸运，正在通过看不见的网络，以光的速度运转着。我们通过网络交流创意，通过集体献血来抢救生命。通过大家的创造，奇迹便会应运而生。

## 03

## 幸运背后的影子

演员希安·拉博夫,因电影《变形金刚》而一举成名。就在他人气极盛的2008年,他因酒后驾车而出了车祸。车门被撞得稀巴烂,他的左手无名指也严重受伤。

他后悔万分地说:"突然的成功,使自己沉浸在自我陶醉中,才做出了如此愚蠢的举动。"虽然十年前拉博夫就已经出道了,但当时,他还只是名不见经传的小演员。直到遇到了史蒂文·斯反尔伯格导演,才得到了担当电影《变形金刚》主演的好运。

幸运后面总是跟着一个影子,这影子有时会招来不幸,把原本幸运的好事变成不幸的坏事。幸运具有一种"自我破坏性"。这个影子,名叫傲慢。很多人成功以后,都开始显露出自己的弱点,他们开始骄傲自满、不求上进,并且渐渐失去了决断力。自身的长处,反而暴露了弱点。

他们把幸运看成是靠自身能力而取得的成果。这么想的一瞬间，他们的眼里就再也看不见新的幸运机会了，只能吃原来的幸运的老本，直到有一天，让自己身陷囹圄。

专家们解释说："成功后的骄傲自大，是因为血清素分泌过多所致。"

血清素是一种神经传递素，它能带来心理上的稳定与幸福感等正面效果。但血清素分泌过剩的话，就会把良性循环转换为恶性循环。

撞上幸运后，人的血清素分泌量就会大幅增加。喜悦、成就感与幸福感等，会不断刺激血清素的分泌，从而会把某个人变成和过去完全不同的模样——自信满满、容光焕发。

当人们争相对其表示祝贺与惊叹时，备受瞩目的快感会又一次激发血清素的分泌。但突然，幸运转变成了不幸，一瞬间，所有的东西都消失不见。不幸，会在它遇见幸运的地点，点燃一团大火，燃尽所有的东西，最后只剩下一团灰烬。

希安·拉博夫成功后的陶醉和膨胀感，也可以用"血清素性傲慢"来解释。虽然，他在一部以汽车为题材的电影里获得了巨大成功，却也因一场意外的车祸差点失去一根手指。我们以为自己"没那么愚蠢，所以没关系"。但其实，越是头脑灵活的人，越是对血清素性傲慢没有抵抗力。

拿破仑的头脑不可谓不清醒，他是个在不利战况下能够找出夹缝生存的奇才。他从来只参加胜券在握的战争，回避那些没有把握的战争。他的第一次失利，是在进攻莫斯科的时候，他认为自己对这场战争的胜利是十拿九稳的。仅仅一次的傲慢，就使得他的成功神话从此画上了句号。

## 领先者的恐惧

索尼是电视领域的王者。许多企业都向索尼公司发起过挑战,但它的堡垒固若金汤、坚不可摧。竞争力的三要素——技术、经验与勤勉精神,索尼全部拥有,这让其他企业望尘莫及。

传统的显像管电视机需要配备的零件有3000多个,组装完才发现电视是残次品的可能性很高。但索尼却以压倒性的质量优势,维持着让竞争者难以超越的悬殊差距。进入21世纪以后,索尼的运势,也跟着改变了。正如它是通过电视达到了幸运的制高点一样,不幸也是通过电视找到了它。

一直以来,索尼都沉浸在它自己制造的"单枪三束彩色显像管的成功神话"里。单枪三束彩色显像管(Trinitron),是一种索尼公司独有的显像管,它以性能优越、精密度极高而闻名。1968年以后,它成了世界市场上最高品质的代名词。但随着数字时代的到来,这个世界的规则改变了。从变化的夹缝中,抓住幸运机会的,是三星电子。

三星电子从速度里,找出了数字时代的发展模式。数字产品的配件,仅由几个半导体芯片集合而成,组装程序极为简单。它降低了不良产品出现的概率,同时也缩小了品质间的差距。三星以"创新与速度"为理念,总是先于竞争者,提早把产品推向市场。最后,它战胜了索尼,成为世界第一。2007年以后,三星一直保持着世界第一的地位。

索尼的失败,也离不开血清素性傲慢的推波助澜。据媒体报道,面对新的数字电视技术的挑战,索尼内部曾产生过争议。其结果是,坚持"数字电视的价格太贵,应该很难打开市场。而单枪三束彩色显像管的销售依然很好,把重心转移到数字产品上为时太早"这个观点的阵营,最终占据了上风。他们坚信，不会有敢于与单枪三束彩色显像管对峙的企业。可当他们意识到那其实就是傲慢自大时，已经为时太晚了。

那些聪明又有能力的人，有控制问题及预测结果的高水准的专业技能。这项技能，会带来具有一贯性的、值得信任的结果，也让他们的好声誉得以继续维持。但当规则改变时，原本的那些专业技能和成功经验，便会成为阻碍新变化的障碍。

因为他们不想脱离原有的成功模式。原来的那些知识和经验，会妨碍他们对新规则的适应，甚至还会引发危机。当新规则刚出现的时候，用原有的成功方式来看，它显得是那么陌生和那么微不足道。可是，松懈应对新规则的他们，最后的下场一定很狼狈。

另一个原因是：领先者的恐惧。他们害怕挑战新对象或新方式之后，换来的却是失败。索尼的失败，就属于这种情况，他们害怕拿"制造今日光荣的、最初的成功"与新出现的对象进行比拼。但其实，在最初的成功里，一半以上是幸运女神的杰作。它当初之所以大获成功，也同样是因为它是新颖的，就像令人难忘的初恋一样。

再有，人们对新挑战的期待值更高。因此，一不小心就会让你赤裸裸地站在众人面前接受残酷的评判，说不定，还会让你失去一直以来享受到的瞩目、关爱与荣光。

聪明之人，对此早有预料，他们不想接受冷酷的谴责。他们以为不一定非要去承受那些风险，承袭既有的成功方式，就可以维持现状。

他们明明清楚地看见了规则的改变，却还在期盼着那些变化会悄悄地消失。他们不喜欢在变化中取得成功的人，认为那只是别人对他们暂时的高估而已，这种人的荣耀将会一闪即逝。当然，确实是存在这种情况的。

谦虚，不单是一种美德，它还是把幸运和成功联系在一起的必要条件。"我只是运气比较好而已"，这种话谁都会说，但它不一定就是出于真心。有一些人，说的是实话；而在另一些人只不过是口是心非的托词而已。差异，在这里也有显现。

## 04 抓住游戏规则改变的瞬间

1996年,罗杰·恩里科就任百事可乐董事长时,语出惊人:"工资我只拿1美元。剩下的部分,我会全部捐给奖学金基金会,用以投资在员工的子女教育上。"他说,这是因为"我也曾出生在贫苦的工人家庭,要是没有别人的奖学金资助,我也无法完成大学学业。"

在这个"惊人的宣言"之后,恩里科董事长又宣布:"出售百事可乐的核心餐饮业务——必胜客和肯德基。"员工们对此表示强烈的反对,因为必胜客和肯德基可不是一般的子公司,百事正是通过这两个连锁餐饮企业,才达到了今日如此巨大的规模。它们不只是单纯的销售企业,也代表着巨大的销售网络。在员工们看来,卖掉这两个餐饮业,简直与自杀无异。

但恩里科却说服了员工们,相继出售了必胜客和肯德基。之后,他又用得来的款项,收购了纯果乐和佳得乐两个饮料企业。至于他为什么会做出此项决定，几乎没有人能理解。

经过在2000年的改革，一直处于世界第2位的百事可乐，开始以压倒性的优势超过可口可乐。在销售量、收益、股价上升率等方面，它都把可口可乐甩在了后面。百事的幸运，是从与罗杰·恩里科——这位杰出的管理者结缘开始的。

罗杰·恩里科董事长刚刚上任的时候，有一种奇怪的感觉——一种亟待改变的紧迫感。许久之后，他才找到产生"那种感觉"的原因。

此后，在接受媒体采访时，他使用了"规则改变的瞬间"这个词："我感觉到，我们需要尽快从可乐中脱离出来。但在当时，生产可乐的公司从可乐中摆脱出来是件无法想象的事。可乐，已经成为导致肥胖的主犯，开始受到大家的广泛攻击。怎么看，我都觉得，这不像是个一时性的现象。因此我决定，在规则改变的瞬间到来之前，由我们自己先出手解决。"

他的感觉和做法是正确的，百事公司改变了以可乐为中心的生产结构，提高了天然果汁和运动饮料在销售中所占的比重。

目前，百事可乐的销售中，碳酸饮料所占的比重还不到20%。而可口可乐销售量的80%以上仍是碳酸饮料。

当时的可口可乐公司内部，也曾有过波动。一些人要求增加运动饮料和天然果汁的相关业务，但管理层却对此置之不理。他们只顾着陶醉在当时的胜利之中，却忘记了世界规则会随时改变的可能性。

## 幸运加偶然，便是成功

20世纪50年代中期，大型超市开始如雨后春笋般出现在大都市的各个角落里。中小商贩们很难与大型超市的强大攻势对抗。经营着一家小杂货铺的山姆·沃尔顿也预感到：如此下去，未来将会一片灰暗。

通过对这些超市的密切观察，他发现了一些异常。大都市那些超市的停车场里，突然出现了很多挂着乡村牌照的车辆。经打听他才知道，原来乡下的农民们都不远千里地开了四五个小时的车，赶来这里购物。

山姆·沃尔顿顿时感觉到了一点儿隐约的希望。他以人口不足3万的中小城市为对象，展开了一场调查。结果，他发现：这些中小城市，竟然没有一家大型超市。中小城市的地价便宜，所以相比大都市，具有更好的开设超市的条件。

于是，山姆·沃尔顿想到了自己下一步的计划，那就是开设一家位于中小城市的针对乡下人的大型超市。他认为，和大都市的超市相比，在这里不需要承担过多的费用，因此便可以以非常低廉的价格出售商品。于是，他便开始兴奋地着手准备，在故乡阿肯色州本顿维尔，他开设了自己的第一家超市。这就是沃尔玛的前身。

事情的发展让山姆·沃尔顿本人也感到出乎意料。不仅是乡村和中小城市，连大都市的人也纷至沓来。因为大都市的人也喜欢价格便宜的产品。

在席卷大都市的"超市的规则"中，山姆·沃尔顿在其中找出并抓住了另一种可能性，即位于中小城市和乡村之间的"夹缝的可能性"。他抓住了这个幸运时机。在与这个小幸运接触的瞬间，巨大的成功就像是海啸一样席卷而来了。

然而，经过仔细分析你便会发现，表面上偶然的成功，都是成功者通过长时间的观察后，目光越来越犀利，才能够抓住"偶然"的瞬间。所以，不是任何人都可以抓住幸运的。幸运，从来都只发生在"特定的人"

和"特定的事"身上。

乔治·索罗斯常说:"游戏规则改变的瞬间,会带来很多机会。"

巨大的幸运,一般都出现在突变时期。突变时期的窘境中,一定也同样隐藏着众多的机会。美国金融危机爆发时,无数人失业,流离失所。但另一方面,也有一些人,聚敛价值暴跌的资产,待到上升时期时,再从中攫取巨大的利润。韩国也有在经济崩溃之后,富人数量反而有所增加的现象。

为什么突变时期会蕴涵着幸运机会呢?这是因为,突变时期就是游戏规则和既往模式改变的时期,在旧秩序出现巨大裂痕的同时,也会出现胜者和败者。在从旧模式到新模式的改变过程之中,会出现很多投资和创业机会。

令人遗憾的是,规则里不存在悲悯之心。如果我们自己不主动去改变的话,那只有接受规则对我们的改变了。

正因如此,既存规则的胜者,在新模式中沦落成了败者;而败者,则翻身成了新规则的胜者。胜者和败者,都不是永恒的。这个道理就如同幸运会转变成不幸,不幸也会转变成幸运一样。

## 05 看穿"世界规则改变方向"的慧眼

每个人的一生中,都会有三次大机会,成功截获这三次机会的代表人物,就是沃尔特·迪士尼。每当世界规则改变时,迪士尼总能找到打开幸运之门的钥匙,而且还能在幸运之门关闭之前,把身子挤进去。

在电影界,他捕捉到了第一次幸运机会。他看到人们都痴迷地沉浸在电影中,而电影院里放映的,全都是面向成人的电影,待在里面的小孩子百无聊赖时,便从中发掘出了"家庭娱乐电影"的可能性。他得出的结论是:动画片适合孩子,因为它能体现孩子们丰富的想象力。随后,第一部动画片《白雪公主》应运而生,它在全美引起了热烈的反响。

迪士尼的第二个幸运,与"家庭野游"有关。1950年,美国经济急速增长,随处可见出来野游的家庭。其中,起到主要作用的是汽车。当汽车在中产阶层中得到广泛普及时，到郊外和国家公园等地方旅行的家庭大幅增长。1955年，迪士尼在美国的加利福尼亚州阿纳海姆建造了迪士尼主题乐园。时至今日，已有5亿多名游客造访过迪士尼乐园。

他的第三个幸运，是电视。迪士尼把在电影界轰动一时的动画片，重新制作成电视系列放映。而后，他又借势把卡通形象制造成各种商品，这又派生出了新的市场。再后来，迪士尼卖掉这些卡通形象的使用权，又从中获取了附加收益。这就是"活用资源"的典范。

靠自身成功的人，大部分都是以偶然遇到的幸运为基础，赢得人生大逆转的。他们察觉到了别人看不见的规则的变化，并把握住了时机。

"怎么才能像他们那样抓住幸运呢？"

于是，我们去成功人士那里求取答案。但得到的回答都是："坚持不懈地努力奋斗。"

韩国媒体曾采访过富兰克林坦伯顿基金集团的执行副总裁马克·墨比尔斯，该基金集团拥有相当于40兆韩元的资产，是世界上最大的资产管理集团之一。

通常，墨比尔斯总是对投资对象进行一一拜访。他说："如果单靠一张财务报告就购入股份的话，那就跟一般的投资商没有任何区别了。我们会与其公司的管理者和普通员工面谈，来了解和掌握公司的实际情况。"

在被问到挑选投资对象的秘诀时，他给出了这样的回答："没什么特别的，就是认真地调查。只要有值得注意的地方，我们就会花费很长时间来进行深入细致的观察，连那些极其微小的部分，我们也从不放过。我们公司负责调查的员工，有的已经在这个行业里工作了20多年了。"

他还给了这样的警告："如果我们不进行长期调查的话，就会犯跟别人同样的错误。"

## 幸运可能一时，也可以长久

能够看穿"世界规则改变方向"的眼力，就是洞察力。拥有洞察力的人，在规则改变、产生裂痕的时候，会从这里面的狭缝中找出幸运来。在混乱的秩序中，他们会发现别人看不见的新模式，先于别人抓住机会，展示出自己与人有异的价值，然后在全新的领域里成为先头兵。

但洞察力的培养，不是一蹴而就的，它需要以多年连续的、集中性的关注与努力作为基石。为了培养洞察力，首先需要具备的是广泛的专业知识，在此基础上，再加上观察力和灵感的适当结合，才可以抓住幸运机会。

像彩票或赌博这样侥幸获得的成功，是不需要洞察力的，因此它们都是短暂的。相反，用洞察力获取的成功，却具有坚固的体系和强大的生命力。洞察力，就是长久的幸运与一时性的幸运之间看不见的差异。

美国电影导演约翰·休斯敦，以拍摄具有深度洞察力的作品而著称于世。我们来看看他的履历吧——陆军士官学校毕业，曾做过拳击选手，流浪过一段日子，而后又成了一名作家……从这些经历中，我们可以得知：从年轻时起，他就积累了多方面的经验。

约翰·休斯顿转为电影导演后，发布了他的电影处女座《马耳他之鹰》（1941年），而后又以《浴血金沙》（1948年）一片获得了奥斯卡最佳导演奖、最佳剧本奖。其代表作是电影《白鲸》（1956年）。

奥斯卡颁奖典礼结束后的庆祝晚宴上，有人提议每个人说出自己人生中最重要的单词。伊丽莎白·泰勒说是"美丽"，艾娃·嘉纳说是"信任"，作家杜鲁门·卡波特说是"健康"。

最后发言的，是刚刚获得最佳导演奖的约翰·休斯顿。他从座位上站起来，说出了"留心"这个词。大家纷纷投来不解的目光，他这样解释：

"留心的意思就是：对于人生给我们准备好的东西，需要我们留心注意。"

心理学家分析到，约翰·休斯顿的洞察力，是从徘徊探索（free range exploring）中训练出来的。

虽说道路是用来行走的，但如果你稍加留意，就会发现路途中出现的各种风景，你会因此收获很多，尤其会感知到"变化"。约翰·休斯顿就是这样，他在走路时，会仔细观察周围各种变化，并从中获取灵感。

即使这样，我们还是很容易受到"捷径"的诱惑。这是因为，我们常常把别人的成功看成是戏剧性的。

那些媒体宣传下的成功人士，都是被从天而降的幸运击中，一夜之间就功成名就的。这让人们认为：幸运的捷径，一定隐藏在某个地方。

但其实，这些都是错觉，是那些商业媒体为了销售他们的故事而巧妙炒作出来的结果。他们把原本两个小时的电影，压缩成了5分钟的短片。就这样，他们让你误以为只要把握了其中的要领，成功和幸运就会像套上数学公式一样迅速完成。于是，在这找寻"要领"（捷径、行动指南等）的过程中，我们白白地虚度了无数光阴。

但是，当我们退一步思考时，就会知道，想要从幸运里寻找出要领，是件多么荒唐的事。如果幸运像数学方程式那样具有明确答案的话，为什么遇到幸运后，取得成功的人依然那么少？为什么只有极少数的人，才能把握住成功的要领呢？如果是那样，每周都会出现数百万名彩票中奖者，或是一天之中就会有成百上千个地方出现让你发大财的商店，不是吗？

事实上，之所以遇不到幸运，是因为我们太小瞧那些遇到幸运后的成功人士了，我们总是把他们的成功看成是瞎猫碰到死耗子。当然，这也是为了保护我们自尊心的一种权宜之计。

另一方面，我们还在期待着，自己能够上演一次精彩的成功。我们总是用二分法来看待事物，心想不是"这样"便是"那样"。因此，我们总是看不到那些成功人士与常人的微小差异。

我们看不起别人的成功，也看不到别人身上的那些微妙差异。在期待"大成功"时，我们却忽视和错过了那些能够造成差异的"小事物"。

前面我们已经强调过，幸运，除了中彩票或其他方式的中奖之外，大部分都是从工作之中产生的。具体来说，就是"我热爱的工作""我擅长的工作"和"对别人有所帮助的工作"这三种。但以这三种工作为前提，是很难取得巨大的成功的。

因此，我们便想在一些意想不到的地方，做一些稀奇古怪的尝试。比如，突然从银行贷款投资股票，或是接受别人的建议大举投资某项事业。这些尝试，一般都不像我们所期待的那般成功，所以，我们会万分上火，感叹自己真是个不走运的人。不走运有两种含义：一是遇不到幸运，二是成为别人躲避的对象。

拥有良好洞察力的人，会在自己所属的领域里，从细节入手，寻找简单的小幸运。他们会搜集更多的信息，做出一个个的小决定，然后再注意观察这些小决定会产生怎样的结果。之后，他们会更频繁地做出更多的决定。虽然近看时，你发现不了任何异常，但一段时间之后，你便会发现，经过这一过程而做出的决定，有着滚雪球一样的效果。

拥有良好洞察力的人，就好似拥有高倍率的变焦镜头一样。他们用变焦镜头近看或远观日常生活中自己感兴趣的对象。这样，当幸运的机会来临时，他们一眼就能看穿。

不能因为当前没有幸运降临，我们就失望沮丧。我们需要脚踏实地地积累经验。经验越多，机会就会相应地增加。幸运的多少，取决于你的洞察力如何。

## 06 走出"Should监狱"

一名男子,在一次交通事故中意外身亡。天国之门和地狱之门,并排摆在他面前。天国的大门紧锁,门前布告栏上写着这么一句话:注意,这扇门一百年开一次。

他只想去天国,因此决定坐下来等待。他用耳机听着音乐,像平时一样,打开笔记本上网,拿出手机回复短信,虽然不知道对方能否收到。突然,他感觉到一阵异样,抬起头才发现,天国之门不知不觉已经打开了。但就在他收起笔记本和手机,准备站起来的瞬间,天国之门又重重地关上了。

我们生活在各种可能性之中。但可能性实在太多,容易引发"无意义性"。我们总是这个也想抓住,那个也想抓住,便成了对"同时性"的追求。结果是,在任何一件事情上,我们都无法完全集中精力。

再来回头看一下刚才那名错过天国之门的男子生前的生活情景吧。

他先用笔记本处理了工作，又接听了客户的电话，同时还给朋友回复了短信，结果让客户产生了误会。参加会议时也一样，他一面听别人发言，一边用手机确认邮件，还给朋友发短信。他总是一边做这个，一边做那个。

回家之后，妻子开始给他唠叨一天之中发生的琐碎小事。他一边听着妻子的唠叨，一边吃晚饭，当晚饭吃到一半的时候，又突然想起了客户，便拿出手机来确认邮件，而后，他又想起了要看看最近颇受欢迎的那部美剧他看到哪里了。最后，妻子忍无可忍生气了，他便又开始费力地哄妻子开心。

车祸发生的那天，他还没睡醒就出门了。他一边开着车，一边听着车里的音乐，还用手机查收了邮件。客户负责人那边发来了邮件，看起来好像是个好消息，可刚读了两行……突然，一辆大卡车横亘在了他面前，距离是如此之近……

对于我们来说，"应该要做"的事情，实在是多得不胜枚举。应该取得好成绩、应该得到认可、应该被爱、应该成功、应该做个好人……我们一直期待着："如果那样，我们就会幸福。"但其实，正是因为这些想法，我们的生活才变得更加辛苦。

家庭主妇C女士，为了专心带孩子，也因为早就厌倦了职场生活，于是在工作了五年之后，辞去了在一家大公司的工作。她向往那种可以睡懒觉，可以和小朋友的妈妈们拉家常的悠闲生活。辞职之后，她实现了梦想。

可这种生活持续了不到一年，她就开始觉得自己好像是个傻瓜。其他妈妈们对各自丈夫的炫耀、对家产的炫耀，让她觉得很无聊。她又开始羡慕那些久违的同事们的自由。周末，别人都全家出门旅行，让她失望的是，丈夫却只会睡懒觉，这甚至让她觉得：一个人带孩子出门，也是极为丢脸的事。

C女士把所有的不幸，都怪罪于老公。她觉得自己"应该"更幸福，"本来会"更幸福，只是因为没有找到一个好老公，就变成了一个折翼的天使。她把自己的满腔愤怒，都指向了丈夫。

客观地说，C女士的处境并不比别人差，反倒还比别人略为优越。他们家先于别人买了房，老公在同龄人里面也绝对属于高收入阶层。他很会照顾妻儿，也比其他男人细心周到。C女士还有一个性情温和、懂事的孩子。

问题是，C女士总感觉心里空荡荡的，不管做什么，都没有满足感。即使条件比别人优越，也总是对自己和老公不满；即使她如愿以偿地得到了自己想要的东西，也只会开心片刻，然后便把目光投向了别人所拥有的东西上面。如果无法走出自己内心的荒原，那么，遇到幸运的可能性，近乎为零。

"想要"和"应该要"之间，存在着很大的差异。单纯的向往，是一种正常的愿望，不会让人太过辛苦和疲惫。而"应该要"的想法，则会引发紧张感，赶走原有的快乐，同时会让人意志消沉、不停地责备自己，还会堵住幸运的来路。这就是所谓的"Should监狱"。

Should监狱，由贪心而生。一旦你进入了这个监狱，就再也分辨不出"可能的事情"和"不可能的事情"了。它会让你过分贪心地执著于不可能的事情，追求一蹴而就的成功方法，急于求成，而忽视了脚踏实地的努力。

幸运总是对这种人不屑一顾，因为幸运本身就具有多种可能性——既能这样，也能那样。因此"应该要……一定要……"这种非黑即白的逻辑，从一开始就与幸运背道而驰了。试着想想看，如果是从一开始就与我们背道而驰的人，我们还愿意去找他们吗？

不过，幸运也是飘忽不定的，虽然对某些人不屑一顾，但它也不会剥夺他们命中注定该与它见面的机会。偶尔，它会出现在那些对它紧闭大门的人面前，现身证明自己的存在。被关在Should监狱里的人，偶尔也会与幸运照面，享受到幸运的眷顾，甚至还有可能扭转自己的人生。

但如果你不从监狱里走出来，即使正在享受着幸运，你也是身在福中不知福。在别人眼里，你身处极大的幸运之中，可你却以为自己深陷不幸而苦苦挣扎，就像C女士一样。

如果想让幸运长久相伴，那么，不管你有多么不情愿，你都要承认幸运的存在，即承认"既能这样……也能那样……"的可能性。越是期待幸运之中的"定性"，就越是会远离幸运。带着"应该要"这种想法的人，会为了那个定性而奋不顾身，而不幸女神就正好喜欢这种人。

## 快乐由虚无中缘起

一般来说，打高尔夫靠的是80%的智慧和20%的实力。职业高尔夫球员认为，在这20%的实力中，short-game的比重，占到了17%～18%。short-game，就是打短杆，在果岭附近把球打上果岭。

越是高尔夫高手，就越会练习short-game。想要打出好的short-game，需要高度集中的精力。与此相比，菜鸟们更喜欢玩高尔夫球"艺术"，即手里挥着球杆，痛快淋漓地打长线球。远远飞出去的球的飞行轨迹，的确可以称之为艺术。但高尔夫球比赛的本质，不是艺术，而是比分。

"应该要"的求胜欲，会吞蚀你的注意力。之所以高尔夫被称为头脑游戏，原因正在于此。想要获胜，或是想要把球打得更远的欲望，反而会让成绩出奇的差。为了挽回已经犯下的失误,球手的求胜欲望会更加强烈,他的注意力会完全涣散,最终导致了一场完全没有观看价值的比赛。

假设一位工程师在设计零件时,发现了一种首次见到的奇异现象。他有一种预感,这一现象之中将会萌生某种新事物。这一瞬间是如此有趣,以至让他忘记了一切:不喜欢的组长、上一次的失败经历,甚至是将要与他约会的女友等。他的感情,就像孩子那般纯真,不掺有任何杂质。最后,他得到了灵感的启发,并取得了关键性突破。成功,就是由此开始的,但他自己却不知道,他还只是沉浸在那一瞬间的快乐之中。

当打起精神,记录整个发现过程时,他才发现时间已经过去了好久。他以为仅仅过了5分钟,但实际是整整5个小时。他浑身一阵战栗,感觉自己像要飞起来似的。因为,他隐约感觉到,幸运女神已经来过了。

幸运女神,只在我们集中精力于真正热爱的事物上、发挥纯真热情时才会出现。当我们陶醉于那份快乐之中,她会给我们以灵感的启迪,而后悄然离去。而在"应该要"的心理状态下,是绝对感受不到这种快乐的。比如弓手射箭,当弓手为了娱乐射箭时,会展现全部实力;为了获铜奖而射箭时,就会精神紧张;而当为了获金奖而射箭时,就会把一个靶子看成两个。

庄子有句名言叫做"乐出虚",即"快乐由虚无中缘起"的意思。

据世界经济合作与发展组织(OECD,简称世界经合组织)的调查结果显示(以2008年为基准),韩国劳动者年平均工作时间为2256个小时,这一数字,比各会员国平均的1764个小时多出了492个小时,比工作时间最短的荷兰(年平均1389个小时)更是多出了867个小时。会员国中年平均工作2000小时以上的国家,只有韩国和希腊。但韩国的劳动生产率在30个会员国中,才位居第22位。虽然工作时数最长,但工作效率(注意力)却相对较低。

每天加夜班的人、工作时间中一会儿上网一会儿又炒股的人、拖延磨蹭的人，都是绝不可能遇上幸运的。

留意观察那些成功人士，你会惊讶地发现，他们总是将精力集中于一些毫不起眼的小事儿上。但这件小事，其实正是某件大事的一部分。他们会把大事化小，然后沉浸其中。"沉浸"的目标，应该是小事。大事，是用来"环视"的。那些取得好成绩的成功人士，都是从小事开始着手的。

沉浸在小事中，是一种完全放松的状态。脑科学专家说："在放松的状态下，大脑会比平时多流进60%的血液，流进大量血液的脑部会异常灵敏，身体的氧气也会大量增加，氧气会让肌肉更加有活力。"

在放松的状态下沉浸于某事之中，会产生出难以估量的巨大成果。

幸运的表现形式之一，是直觉或灵感。这是只有在聚精会神的状态下，我们才会得到的。在抓住直觉或灵感，并领略了其中蕴涵的真谛后，原本面目模糊难以确定的东西，会在瞬间变得清晰无比。

## 07

### 感觉是最准确的雷达

1991年,伊拉克进攻科威特。英国海军少校迈克尔·莱利在驱逐舰"格洛斯特号"里监视雷达探测器。

凌晨5点过1分,探测器上显示在科威特海岸出现了闪烁着的雷达信号,此信号正在接近美国军舰"密苏里号"。情况似乎有些异常,少校想确认那个雷达信号究竟是什么。突然间,一阵恐惧感袭来,他的手心里布满了汗珠。

"它会是伊拉克部队的蚕式导弹吗?"情况万分危急。如果确实是导弹的话,就必须立即采取措施,否则,它就会攻击到"密苏里号"并危及数百名美军士兵的生命。或者,"它是美军的A-6战斗机?"

那个影像信号在A-6战斗机经常路过的上空盘旋,它与战斗机的飞行速度一致,大小也差不多。但A-6战斗机的飞行员们在结束任务返程途中,为了防止被敌方发现,一般都有关闭电子信号装置的习惯。因此,这个信号更有可能是来自伊拉克军方的导弹攻击。

没有时间再耽搁下去了，莱利少校下令发动攻击。两枚地对空导弹射向天际，不多时，雷达上的绿色信号消失了。飞行物消失的地点，与"密苏里号"之间的距离，还不到640米。

幸好，他下令攻击的不明飞行物，正是来自伊拉克军方的导弹。但如果它是A-6战斗机呢？那么，莱利少校的军旅生涯就会从此结束，他要对攻击盟军的飞行员并使其牺牲负责，还会被交付于军事法庭接受审判。

舰长跑到雷达室问他："你确定它不是美军战斗机，而是伊拉克导弹的根据是什么？"他回答说："只是我的感觉而已，舰长。"

## 当索罗斯背疼的时候，他知道自己失误了

这个世界上，有很多像解不开的数学题似的没有答案的事情。

人称投资界奇才的乔治·索罗斯，曾经这么说过："有时，我会累得后背刺痛，无法入睡。这是一个信号，提示我自己做错了某事。知道自己做错了，要么站出来面对，要么选择逃避。只要我做出了选择，不管是面对还是逃避，那种刺痛定会瞬间消失。"

索罗斯开怀畅谈，他曾经有过数次通过后背刺痛预感到了股市巨变的经历。专家们指出，长时间在股市磨炼出来的灵敏的嗅觉，会以背疼的方式向他发送信号。美联储会前主席保罗·沃尔克这样评价说："乔治·索罗斯在投资界取得惊人成功的秘诀是，他知道何时应该从正在进行的游戏中退出，他能很好地感知并捕捉到那个时机。"

应该有很多人有过同索罗斯类似的经验。捉摸不透、举棋不定的时

候，他们会对情况进行认真的检查，然后会发现潜伏在自己身边的那些看不见的危险。预感到危险，然后保证自己的安全，这也属于一种幸运。

幸运，会通过感觉向我们发送信号。每个人都有天生的预知能力，只是每个人预知能力的强弱程度有所不同。女性在这方面的能力尤其强大，她们总能提前预感到某事的发生。

不管是在哪个领域，都有一些感知力超强的人。他们的感知力，来自"直觉"的力量。直觉（intuition）这个词，起源于拉丁语intueri，译为考虑、注视之意。维基百科词典里对它的解释是：它是一种感性的感受，能够直接掌握对方的全部。直觉，是运气进入的通道。它会帮助你预知并及时躲避危险；还会让你发现幸运，并及时抓住它。

直觉的表现形式，就是我们的感觉，比如：不祥之感、吉祥感、确定感、预感等。自古以来，感觉一直被理性主义所排斥，并被看做是一种不合理的、冲动的、不正确的东西。但步入现代社会后，人们开始意识到，它具有"把人类变得更像人类的价值"。

## 微小差异中隐藏的幸运

我们再回过头来看下莱利少校。

飞行物被击落后的那个半天，是他一生当中最为难熬的一段时间。他仔细地观看雷达影像记录，试图从中找出"此信号就是伊拉克导弹"的证据，因为他害怕被击落的物体是盟军的A-6战斗机，他不想因自己的失误而造成两名飞行员的无辜牺牲。虽然花了很长时间，但他依然没有确凿的线索来证明那个飞行物的身份。此时，"格洛斯特号"驱逐舰上的气氛，异常沉闷。

终于，一段时间后，有消息传来，称浮在水面上的弹片已被搜查队找到。少校下令拦截并击落的，不是美军的战斗机，而正是伊拉克导弹。是他救了"密苏里号"上的数百条生命，他成了一名英雄。

瞬间的判断，可以带来幸运，也可以带来不幸。结果证明，这次判断带来的是幸运。

战争结束后，英国海军对发射拦截导弹前的情况进行了仔细的分析，但得出的结论是，在当时的情况下，完全无法识别那个信号究竟是导弹还是A-6战斗机。莱利自己也说不出，他是根据什么判断出了当时的危险状况，他说："只是因为运气比较好而已。"

后来，意识心理学博士盖瑞·克莱因在海军的协助下，再次对此进行了一番调查。当时，他正在研究"高压情况下做出决定的过程"。他注意到，人的直觉常常能带来惊人的准确判断力。博士通过对资料的分析，对少校的幸运给出了科学的解释，虽然这个说明来得有点晚。

少校的幸运，来自于战斗机与导弹两种飞行物的信号之间极其微小的差异。导弹信号，会以极其微小的偏差晚于战斗机的信号被雷达捕捉到。虽然莱利并没有清晰地认识到这一点，但他用"感觉"察觉到了这一点。这个事实，甚至连雷达专家都不曾知晓。

这小小的差异，正是少校在发现那个信号后感到万分恐惧的原因。

## 学会与运气沟通

从1970年起，瑞典教育心理学家F.马顿，以物理、化学、医学等几个领域的诺贝尔获奖者为对象，进行了一项长达16年的调查。结果，83个人中有72个人回答说，是直觉帮助他们取得了巨大的成就。

1985年的诺贝尔医学奖得主迈克尔·布劳恩说："好像有一双'无形的手'一直在牵引着我们。当时的我们，每向前走一步，就能立马找到正确的方向。可再回头来看时，我们自己也不知道是怎么就走到了这里。"

感觉中包含着喜悦、悲哀、愤怒、希望、后悔等各种因素。学者们表示，这些感觉并不是没用的。当我们处于不确定的情况下，它们会给我们"一种启发"。

当我们突然感到不安、无所适从时，一定是有原因的。后悔也是一种指示，暗示我们下次再遇到同样的情况时，要改变应对的方法。

可是，为什么我们的大脑不能正确地识别出感觉所要给我们传达的信息呢？这是因为人的精神是分为不同体系的。

"意识体系"和"潜意识体系"之间的交流并不是畅通无阻的。潜意识通过感觉向我们传达信息，但我们却很难准确判断出那信息具体意味着什么。当那信息明明白白地展现在眼前时，我们的"意识"会突然吓一大跳。

拥有良好感知力的人，都是自身的"意识体系"与"潜意识体系"交流顺畅的人。他们会用心聆听身体里发出的潜意识信号，还会努力地把不可言传的感觉提升到意识的层面上去。

这种过程，与陷入忘我境界的沉浸状态相似。不同的是，这次的沉浸对象，是自己的内心。

"虽然并不知内心里闪现的东西是什么"，但是，通过与内心的对话，我们会找到感觉。

良好的感知力，靠的是训练。随着对各种经验和喜欢做的事的沉浸，会增加"意识体系"与"潜意识体系"之间的交流。

幸运女神会以灵感的形式，给我们的内心传达信息。因此，运气好的人，当他们感到微妙变化之时，就会仔细聆听那些来自内心的声音。

## 整理出幸运落脚的空间

看看你周围的环境吧。看看你的桌子现在是什么模样,是不是有很多书、资料和文件,像大山一样厚厚地堆积在你面前?

要想唤来幸运,最好是先把你的桌子收拾干净。如果连桌子都凌乱不堪,那么,你的生活很有可能也是杂乱无章,你的运气也一定不会太好。

首先,在上司看来,你很可能是个"不够格的人"。如果连桌子都整理不齐的话,就会给人留下不机灵的印象;再有,为了一份需要的资料,翻来覆去地找,你会花费很长时间。对以前犯下的错误,你可能连挽回局面的机会都没有。堆着堆着,如果坍塌了的话,那更会是一片狼藉。在资料和各种杂物倒塌的那一瞬间,连别人对你的信任,也一起倒塌了。

在事情进展不顺或是不开心的时候,S就会环视一下自己的周围。

没错,桌子上的确堆着满满当当的杂志和书籍,化妆台上散乱地扔着用过的棉签，椅子背上胡乱挂着好几件衣服。厨房呢？煮完拉面后的锅里，凌乱地堆着各种容器和杯子。"正因为这样，我才一事无成吧。"S心想。

以她的经验，一切都由断裂的生活节奏开始。生活节奏改变了，周围的事物也会变得让你抓不着头绪。问题是，这种环境下的生活，会成为接二连三的恶性循环的起点。你只能每天顶着巨大的压力生活，却又一事无成。

只有把周围的环境整理好，才能唤来幸运，这是一种风水之说。风水，并不是什么了不起的东西，它只是一种我们熟悉的生存智慧。在生活中，它随处可见。按风水的说法，所有的空间里都流动着"气"。气，是一种能量，可以把它看成是连接灵魂和物质的中间环节。要保证"气"流动得畅通无阻才行，就像我们身体里的血液一样。在中医里，气随着人体经脉流动，构成了人体系统。风水认为周边的环境系统中，也有气在流动。

我们身体里的气，如果无法正常流动的话，就会出现问题（我们经常使用的"呼吸不畅"这个说法，就是由此而来），还会引起动脉硬化。要是空间里的气无法正常流动，空气就会变浑浊。

S拨弄着书架里的书，很多已经买来好几个月的书，却连翻都没翻过。S把这些书全部捐给了当地图书馆，她还把那些不穿的衣服扔进了废衣箱里，把仅用过两次后便开始当晾衣架使用的跑步机，也拿去了回收中心。在公司，她也用这种方法重新整理了自己的东西。她把资料整齐地归类后放到文件夹里，把书籍和杂志放进书架里。她摘掉了原来为了记录日程而贴在电脑和电话上的便条，然后，又建立了一个专门的记事本。

## 不整理的东西，相当于给别人瞧不起自己的权利

去年，她经历了一段极大的不幸。先是被男朋友甩掉；然后在从评选公司的升职候选人中落选；最后，妈妈和姨妈又从老家来她这儿住了一段时间，让她受尽了折磨。"别再撑着了，赶紧回来嫁人吧。"妈妈总是拿她跟事业有成的哥哥比较，事事都小瞧她。

妈妈归乡后，她强忍的愤怒终于爆发了。她把妈妈整理好的东西全部翻了出来，把杂物都扔出了家。这样，她的心情才稍微平复了一点儿。在处理杂物时，S心想："我怎么还留着这些东西呢？"大部分时候，她会认为"这个东西，以后会用到的"或者"先放在家里，到时候直接拿出来用。"

扔东西的时候，S意识到：扔掉那些不需要的东西，就可以腾出原有的空间，这样，心里面也相应地有了一个舒服的休息空间。原先乱七八糟的空间，突然变得宽阔开敞，会让人顿时有一种重新开始的感觉。

生活在乱七八糟的环境中，就好像是给别人发出了一个信号——"你可以随便无视我的存在"。人们会把一个人的生活环境，当成是判断这个人的依据。他们会认为，这是一个连自己的生活环境都整理不好的笨蛋，进而小看那个人或是想侵犯他的领域。最终，乱七八糟的环境，就变成了一个人随意对待自己的心理习惯。

不久前，S的妈妈又来了，当她看到了家里不一样的气氛后，便再也不敢随便对待S了。看到S变得堂堂正正的端庄外表，妈妈没多说什么，几天后就返乡了。

整理的习惯，完全改变了S的生活。每天清晨睁开眼睛，她都会认真地告诉自己新的一天开始了。回家后她会先打扫卫生，然后再舒服又满足地休息。她认识到，从对待自己的心态开始，一切都有了很大的

变化。

这，就是唤来幸运后的感觉。扔掉多余的东西，把生活简化，这样就能召唤来幸运。只有空出来，才能再填进去。扔掉那些看不顺眼、让自己心烦的东西，好运会自然在干净的空位子落座。把家和办公室整理得干干净净的话，生活便会充满活力，工作效率也会提高，从而减少了对时间的浪费。

风水之说，是长久以来经验和智慧的产物。它是一种生活哲学，告诉人们：好运总是跟着那些勤于进行自我管理的人。

周围环境会影响一个人的潜意识，而潜意识会以感觉的形式表现出来。因此，一个人在干净的环境里工作，就会情绪稳定，长时间生活在杂乱无章的环境中，就会心里不安，注意力也会有所下降。

1990年起，美国也开始流行风水之说。美国人的房子、写字楼、办公室、家具等的方向和摆设，都根据风水理论来进行安排。风水理论的运用，从美国警察局开始，逐渐扩散到商业大厦的设计上。

那些运气差的人，都有胡乱堆放杂物的共同点。这些杂物，会阻挡好运的气流，还会破坏直觉、扰乱心态。幸运从来不会找这些不会整理物品的人。同样，连杂物都整理不好的人，心里根本就没有发现幸运的闲暇。

运气好的人都说："仅仅把桌子周围整理干净，就会有好运来找你。"在他们的看来，在整理干净的房间里会得到身心的放松。原先因为凌乱的房间小瞧你的亲戚，在干净的环境里，再也不敢对你指指点点了。干净的办公室，会让来访者心情愉快，而凌乱的办公室，会让来访者降低对你的信任。

整理物品的习惯，会改变一个人的生活。理清堆积的东西，会让你的家里或办公室变得豁然明亮。这是在给好运的到来开辟道路。生活是不断变化的，你需要的物品和你遇见的人会不断变化；计划和目标，也不是一成不变的。只有定期腾出来一定的空间，新的生活要素才会有机会填充进来。

有着独特生活方式的人，想改变生活节奏时就会把办公室和家里清扫整理一下。整理物品这个小习惯，会让你随时找到生活中的感动与快乐。清扫和整理，还会带给你对生活的反省。扔掉多余的东西后，气的流向就会改变。它让你做好思想准备，找来生活的原动力。那些好运相随的人，会通过清扫和整理来给自己开辟道路——一条请走不幸、引来幸运的道路。

## 09 按下选择幸运的按钮

经学家乔纳·莱勒曾经进行过一项实验，结果显示：大家普遍都认为"越理性越慎重的情况下，做出的判断就会越准确"。

莱勒博士以美国职业棒球大联盟的击球手为对象，分析了他们是如何在极短的时间内做出击打哪颗球的判断的；还有，为什么有些选手做出的判断比其他选手更准确。球从投手的手中掷出后，从投手板飞行到本垒板用时大约0.35秒，击球手挥动球棒用时大约0.25秒，留给击球手判断是否挥杆击球的时间仅有0.1秒。

通常，如果选手的判断是正确的，那么人们就会说这是理性判断的结果；如果选手的判断失误了，人们就会认为这是由于冲动所致。莱勒博士对大联盟击球手们进行分析后，得出的结论是：这种观点是不正确的。

虽然击球手仅有0.1秒的判断时间，但除去神经信息传递的时间，留给击球手们的实际时间，其实还不到五万分之一秒。莱勒博士认为：选手们具有一种技能——只要看上一秒钟投手投球前扭身挥臂的姿势，就可提前预测出球体的飞行速度与飞行线路。

莱勒博士分析道：长期接受训练的大脑，在感知核心要素后，能够立即把情报转换为感性数据传达出去。这种经过高度训练得来的感知，是一种非常特殊的能力。

"幸运是不留给人后悔药吃的。"这是句意大利俗语。它的意思是：因为幸运现身的时间十分短暂，一个照面就要闪身不见，所以，也许一眨眼的瞬间，你就已经与某种幸运擦肩而过了。

正因如此，很多人总是不能及时认出幸运来，白白错失掉很多机会。幸运是模糊不清、不易识别的，而且一个幸运一旦走过就不再回头，有时，它已经走开了很远，我们都还没有意识到：原来幸运已经来过了。

有时，即使我们感知到了幸运的光临，也会在犹豫踟蹰的一念之间错失了它。我们明明看到了幸运女神的脸庞，但就在思索"要和她握手吗"的时候，她就忽地消失了。幸运从来不留给我们认真思考的机会，所以它看起来充满了不确定性。

棒球中最佳的击球手都是能够在极短的时间内做出判断并挥杆击球的。他们用完美自信的挥杆动作，准确击中棒球，运气再好一点儿的话，还能打出本垒打。不只是打棒球，生活中的所有领域也是如此。高手们会在眨眼之间认出并抓住幸运，而不会因徘徊不定而错过它。因此，在捕捉幸运上，感性比理性占有更大的成分。

在造船业中，韩国是航行在世界前列的国家。但是，很多人都不知道，韩国的产业神话是起源于两个人的非理性判断（事实上，是"超理性的判断"）。这两个人，一位是郑周永会长，另一位是希腊船王奥纳西斯。

刚开始考虑建造蔚山造船厂的时候，郑周永会长对造船的事还一无所知，所以竟问了工程师这样一个问题："铁能浮在水面上吗？"

他心想，无论如何一定要建一所造船厂，于是拿着画有龟船（这是韩国建造的世界第一艘铁甲船）图案的500元韩币，到国外去借钱，因为国内没有任何一家银行有能力借出他需要的巨额资金。

国外银行不可能无缘无故地借钱给他。英国巴克莱银行回答说："只要有人决定要买你的船，你拿来购船协议书，我们就会贷款给你。"也就是说，要他在连造船厂都没有的情况下，先把船给卖出去。

无奈，郑周永会长只好先去找买家。他说："要是你们想买船的话，先给我签份合约吧。我得拿着合约去借钱，然后建造船厂，然后再把造好的船给你们。"对于买家来说，他们很可能会误以为这是个骗局。因为，郑周永会长能够拿给对方的，只有一张500元的纸币、蔚山一望无际的平原照片和油船的建造图纸而已。而且，那张图纸还是从英国造船厂借来的。

出人意料的是，希腊船王奥纳西斯却同意了郑周永会长的请求。他预订了两艘油船，让郑会长拿着合约去银行借钱，然后建造船长。而奥纳西斯选择郑周永会长的理由，颇为耐人寻味。

"跟他聊了之后，我觉得他是个值得信任的人。仅此而已。"

## 超理性的选择

1972年，奥纳西斯在合约书上签了字。然后，蔚山现代造船厂开始动工建造。于是，造船事业的神话就由此开始了。

两人就此结缘后，奥纳西斯又定了9艘油船，每艘油船的命名仪式上，他都会和家人一起参加。就这样，他们的友谊一直延续了下来。

说服奥纳西斯的，既不是印有龟船图案的那张500元韩币，也不是蔚山一望无际的平原照片，更不是从英国借来的那张造船图纸，而是"不知缘由，但就觉得他值得信任"的冥冥之中的一种感觉。

在造船业，第一位客户与第一次的订货，会对以后的生意发展产生巨大影响。因为，它会产生一种后续效应，影响你在国际金融市场上的信用度和收益。

这么看来，奥纳西斯的选择，对郑周永会长来说，可谓是个绝佳的运气。当然，奥纳西斯也是个幸运之王，他是世界船王奥纳西斯的内弟。

不过，这段幸运的航行能够开启，还是要归功于郑周永会长的执著。别忘了，他可是个连铁是否可以浮在水面上都不知道的人。

一生之中，我们会遇到无数个需要选择的岔路口。有时，还会像莱利少校那样，遇到极其危急的情况。幸运和不幸，可能就取决于你的选择。不论是上学，还是工作、结婚、投资等，都是这样。

"选择"这个按钮上，没有任何标志，我们根本无法预知哪个按钮能唤来幸运女神，哪个按钮能唤来不幸女神。有时，我们很快就能得知结果，但有时，在过了很久之后，我们才突然明白原来当初的那个选择，导致了现在这个结果。唯一可以确定的是，卓越优秀的人，按下"幸运按钮"的可能性更高一些。

不平坦的人生和不顺利的公司，都有一个共同点，那就是不擅长做决定。他们只顾忙着做事，在不断的重复中消磨时间，却经常把需要做的抉择，一再往后拖延。

优柔寡断的部门负责人，还会搅乱员工的家庭生活。开了整整半天的会议，却还要让职员继续加夜班。就因为这个拖拖拉拉的无能的部门负责人，职员们无辜的家人都会跟着一起遭殃。

经营学家詹姆斯·柯林斯博士表示："有能力的管理者，无论在多么难以做出决断的情况下，也决不会拖拖拉拉。失败中的十之八九，不是因为他们判断错误，而是因为决断不及时所致。"那些破败的企业们，最突出的共同点，就是过于小心谨慎，害怕做出决断。

做抉择时，并不需要什么特别的能力。一般情况下，我们所面临的大部分问题，都没有既定的答案。因此，我们要根据自己的直觉和信念来进行选择。尤其是在纷繁复杂、高速运转的21世纪，要确保自身的生存与发展，就必须毫不犹豫地快速做出决断。

招来幸运和赶走幸运之间，存在着一种看不见的差异，即做出最佳选择的能力。

英语中有一个单词flirt。flirt，指的是那些能够巧妙地吸引我们的情况。单纯反复的人生，像罗圈似的来回转动，这里面有一些巧妙的指引。心理学家将其解释为：牵引人生的线头。

那些运气好的人，在难以抉择之时，会随着flirt的牵引来做出选择。很多时候，这种选择会带来幸运的结果。想要做出改变的话，就必须要按下新的按钮。

## 10 放弃不是失败，而是一种选择

L因为和男朋友J的问题，苦恼不已。两人已经交往了许久，但他们在一起的快乐回忆并不多，大部分回忆里都充斥着无尽的争吵。交往期间，他们历经了好几次分分合合。

J急于结婚，这让L更加烦恼和犹豫不决。J对L保证："我已经想好了，现在的我，不再是以前的我了。"但L对此却半信半疑，因为J已经不止一次说过同样的话。

两家父母订好了见面日期，可L还在踯躅徘徊。J开始变得亲和而容易接近，这让L不禁心生怀疑："他竟然还有这样的一面？"但偶尔，L还是会看到J那特有的、让她害怕的眼神，尤其是当他们说到筹备结婚事宜，彼此意见相左的时候。L确实很爱J，确实也想和他结婚，但她心里还是不舒服，感觉自己像是走入了一条死胡同。

"死胡同"这种状况，不是仅凭努力就能改变的，也许，努力了也是徒劳。即使你纹丝不动地站在原地等待，情况也不会有任何好转。事实上，此时只有一个选择，那就是：停下脚步，转身走开。但有些人，即使已经走进了死胡同，也会出于好胜心而说："我要竭尽全力。"有时，他们的坚持，是出于个人自尊心和担心旁人的眼光。当然，主要还是因为他们过于执著。而当遇到爱情问题时，要想转身放弃，更是难上加难。

有时候，放弃是最明智的选择。放弃，可以把你的人生从死胡同中挽救出来，并给你提供找寻其他道路的新机会。想照原路从死胡同中走出去，完全是妄想和徒劳，你只是在浪费宝贵的时间而已。

## 明智的放弃，绝对不意味着失败

失败，是指我们没有完成那些原本可以做好的事情，那些因我们无能为力或无可奈何放弃的事情，不能算是失败，而应称之为放弃。放弃不是失败，而是一种选择，我们无需为此而意志消沉，但是，很多人都把放弃等同为失败，因此，他们依依不舍地徘徊于原地，不愿退出。

关于与J的婚姻问题，L是这么说的："我爱他，虽然我们经常争吵……都彼此熟悉了，J也说他已经想清楚了，我不想让这么久的感情化为泡影……朋友也都支持我们结婚……我可以和他凑合着结婚……但我真的没有自信，不知道我们是否会幸福。"

凑合着结婚，才是走向失败之路最快捷的方式。恋爱的失败并不意味着人生的失败，但结婚就得另当别论了。

跟J在一起的大部分时候，L都在受气，她总是强忍着怒火，直到有一天忍无可忍突然爆发，他们会疯狂地大吵一顿，然后宣布彼此决裂。而斤斤计较、婆婆妈妈吵个不停的，和破口大骂一走了之的，都是J。

一方面，L犹豫不决；另一方面，她又对自己和J的婚姻抱有一丝期待，希望J会有所改变。对于L来说，想要完全放弃，实在是件太痛苦的事。因为害怕痛苦，所以她就心想："现在这样，不也挺好吗？与其痛苦地分手，倒不如将就着过算了。"她这种得过且过的心理，是极为危险的。

## 直觉与理性，都是判断的标尺

感情上的倾向，不一定总是正确的，尤其是在面对爱情问题的时候，理性的判断，反而是个更好的方法。我们应该通过"理性和直觉的黄金比例"来做出决定。

L试着理性地分析了一下她和J的未来，冷静思考后，她得出的结论是：第一，无论我怎样努力，J也几乎没有再变好的可能性了；第二，J没法和我的家人和睦相处，这也不是靠我个人的努力就能解决的；第三，结婚后，J有可能会比原来还嚣张，因为J只是想学着别人的样子"结婚"罢了，可他并不想承担起已婚者应有的责任。

为了验证自己的判断无误，L花了整整半个月的时间，对J进行了一番仔细的观察和分析。结果证明，自己的理性判断全都正确无疑。但L还是不忍心主动提出分手，一想到那个场景，她就分外揪心。

有些人临近结婚时，会听到一些内心深处的声音，这会让他感到不安与惶恐。是有这种可能的，在面临巨大变化时，你会感到一种对未来的茫然与不安。

认真聆听内心的声音，你才会分辨出，究竟这种感觉只是一种茫然和不安，还是有具体原因的恐惧感。如果你的感觉是不怎么欢喜与充满期待的话，那就说明，这里面不只是茫然和不安。

但是很多人，硬是无视这种信号，坚持要结婚。这个决定，貌似是理性的，其实是非理性的。最终的结果，只能是自食恶果。

从你对结婚犹豫不决的那一刻起，就已经有些东西浮现出来，提醒你三思而行了。大部分时候，结果其实都是显而易见的，因为他们在结婚前就经常争吵不休。

我们并不主张轻易地放弃结婚，而是在提醒你，应该在与自己的内心进行充分交流后，再做出理性而现实的决定。因为，也许一次选择，就会决定你的一生。

在两家父母正式会面之前，L就做好了决定，她向父母说明了详情，然后与J提出了分手。虽然万分难过，但她心里清楚——也许和J结婚之后，他们两人的一生，都将生活在不幸和痛苦之中。

L的决心，来自她对自己内心的发问："现在的我幸福吗？如果不是的话，我该……"

能够做出明智判断的人，一般都相信自己的内心。面临重大选择时，他们总会向内心寻求答案："现在的我幸福吗？"

如果答案是否定的，那就是不幸福。

在走投无路时选择放弃，并不是失败的表现，而一种明智的选择。虽然会有暂时的难过，不过最终，你会因放弃而得到幸运。

理性与直觉之间的黄金比例会根据情况而略有改变。当确定无疑时，应该靠"理性"来做决定。反之，则要靠"直觉"去判断。

# 11

## 唤来幸运的口头禅

车启动靠的是发动机,但到达目的地靠的却是方向盘。我们的行动靠的是动作,但决定我们成功或幸福与否的,却是我们的嘴巴。确切地说,是从嘴巴里说出来的话。言语能指挥行动,人生会根据言语所指示的方向前行。

我们的内心,常常以自己的方式理解别人的话语,而且还有渲染作用。别人说了不顺耳的话,我们就会不高兴;要是别人说话动听,我们就会开心异常。这些,都源于我们内心的渲染。

要是最近过得不顺利,那么,你可以把你最近经常说的一些话语写下来,看看你早晨出门时说的话是不是这样:

"天气真糟糕,怎么这么倒霉啊。

"哎呦,我不想去上班,快到周六吧!要是能中彩票的话该有多好啊,那我就立马辞职。"

虽然可能会不情愿,但还是请你尽量这么说:

"真幸运啊!"

"下雨能使空气变清新,所以是件好事。工作已经完成了一大半,应该给自己来点鼓励。"

不管怎样,请你试着这么说。如此继续下去,也许在未来的某一瞬间,你会突然发现,情况已经大为好转了。

"祸从口出。"这句话是很有道理的。言语里,蕴涵着神秘的力量。人们总会无意识地用语言指挥自己的行动,而一个个小小的行动汇聚在一起,就会带来"言语中的人生"。

对别人的话,我们的反应总是先从"感情"开始。所以,当某人说出溢美之词时,我们的大脑会立马做出高兴的反应,认为这是在说自己。然后,潜意识就会提醒我们,自己要真的像别人所称赞的那样优秀才行。

对于好久不见的朋友,女人们总是会互相称赞对方"你变漂亮了",这并不是随便的客套,而是有一定的心理需要的。因为这种称赞一半是在夸奖对方,另一半其实是在说自己。

相反,如果你经常说些否定性的话,那么,你的生活肯定也不会是一帆风顺的。那些经常感到愤愤不平或是经常对别人指指点点的人,自己身上肯定也不会有好事发生。如果总是重复负面言辞,神经系统就会自然地对这种消极的感情大肆渲染并影响你的行为,然后,现实就真的不如人意了。

"有啥了不起的……"用这种口气说话的人,自己的人生往往也都不顺利。因为那些打心眼儿里看不起别人的人,一般对自己也都是随随便便的。

他们总是看到他人的缺点和不足,并且喜欢夸大其词;相应地,他们也总是过于在意他人的眼光,总是在想:"会不会别人也是这么看待我的呢?"因为总是担心别人看待自己的眼光,他们变得满腹狐疑,总是拒绝别人的好意,白白地踢走了很多机会。

"那部电影真难看,没有比它再难看的了。"

"那台电脑实在太难用了,简直是一场噩梦。"

单单一句话里,就能承载这么多不愉快的感情。一部电影或一台电脑,之于一个人真的有这么重要吗?值得我们用"真""实在""噩梦"这种词来诋毁它们吗?

经常说这些夸大其词的有毒的话,久而久之,你自己也会跟着中毒,并且,你的话也会越来越充满毒药味。结果,你会感觉生活好似地狱一般,一天不如一天,你会变为一个"踢走福气,没有好运"的人。对于天天满嘴毒言毒语的人,谁会愿意善待他呢?

"我讨厌这个,也讨厌那个。"有这种口头禅的人,也一样不会有好运。幸运不喜欢接近这种苛刻难缠的人,因为,他们封杀了生活中的各种好的可能性。

## 一句话重复一百遍就会变成行动

美国大脑专家的研究结果表明:人体的230亿个脑细胞中,有98%的脑细胞,受控于言语的支配;大脑的语言中枢,对神经系统有着巨大影响。

大脑由相互连接的两部分构成。据科学家最新发现,连接两部分大脑的RAS神经,具有筛选信息的能力。它会收集符合我们期待的资料,然后传输给意识。所以,当我们反复重复某些话语时,大脑会在我们毫无知觉的情形下,自动地将其转化为行动。

因此，有着"我真幸运啊"这种口头禅的人，身上常会有好事发生（这主要是潜意识的作用）。而有着"我真倒霉啊"这种口头禅的人，发生在他们身上的，就只有倒霉的事了（这主要也是潜意识的作用）。

原因和结果，总是一致的。虽然一般来说，我们看到的都只是结果，但如果对结果仔细推敲，你就会发现，结果本身就是原因。

要知道：好多事情的结果，正源于我们自己的"态度"。美洲印第安人已经认识到了这一点，因此他们流传着这句俗语："如果把你的心思重复一万次，那你就真的会变成那样。"

大雨倾盆的某天，美国菲拉德尔斐亚一家家具店门前，站着一位老人，店主问道："老奶奶，您是来买家具的吗？"老人回答："不是，我是在这里躲雨的，司机来接我之前，我想先在这儿逛逛。"店主微笑着说："原来如此，那您进屋等吧，我们店里有很舒服的扶手椅。"

后来，店主收到了一封信，信件来自钢铁大王安德鲁·卡内基："我们公司打算订购一大批您店里的家具，是我母亲给我推荐了您这家店。"原来，家具店店主下大雨的那天见到的那位老人，正是卡内基的母亲。

可如果当时他看着大雨，说出了这样的话，后果会怎样呢？

"天哪，天上有窟窿吗？真倒霉。"说出这种话的人，同样也不会对店门口的老人说出好听的话，也许他会对老人大喊道："您让一让，下雨天不好做生意。真倒霉死了！"幸亏，他不是这种人，所以才与卡内基的母亲结缘，并因此有了好运。

那些能够续写成功的人，发生在他们身上的并不只有好事。有时，他们也会遇到残酷的失败。但即使是深陷挫折与痛苦之中，他们也会努力安慰自己，这是一种再次呼唤来幸运的方法。积极向上的口头禅，能唤来好事，还能转祸为福。有着这种口头禅的人，总是会通过偶然之事，发现偶然的幸运，小小的幸运会接连而至，从而把命运引向好的方向。

祈祷与感谢，也能唤来幸运。反复重复积极的言辞，你就会得到很多好运，并把它带进自己的人生里。祈祷与感谢，从来不会产生负面影响。命运，由话语而起。我们现在的处境，都源于我们曾经说过的话语。

## 12 守护你的三万名幸运天使

**我**们付出多少努力，就会相应地享受到多少成就感，以及成就感所带来的快乐。但是，想要超越于此的话，就需要新的变数，变数即机会。机会可以通过别人遇到，正是别人给了我们挑战与成功的机会。他们会给你指导、给你工作、给你金钱的保障，甚至给你提供人生的转机。

有时，我们因某事而约见某人，见了才知道，原来此人正是自己朋友的亲戚或朋友，然后彼此大为惊讶，切身体会到了什么叫世界之小和绝妙的偶然。如果好好利用这种偶然契机的话，事情就会比想象中进行得更为顺利。

但是，需要怎样把握时机，才能遇到这种缘分呢？

美国社会学家马克·格拉诺维特研究"人们是如何找工作的"这项课题时，从中找出了解答线索。他约见了数百名工作者和工程师，探查他们求职的途径。调查结果是，调查对象中的55%"是通过熟人介绍找到了工作"，只有极少的8%的人"是通过中介找到了工作"。令人吃惊的是，30%以上的人"通过熟人找到了连想都不敢想的好工作"。正是熟人，改变了我们的人生之路。

格拉诺维特让调查对象A选出300名认识的人（包括熟人和不太熟悉的人），然后，请那300个人每人再选出300个认识的人。但这些人中，很有可能是A原先就已经认识的，因此为了慎重起见，就把人数减少到了100名。也就是说，这些人是A原先不认识、那300个人能够介绍给A认识的。

分析过这样建立起来人际关系网之后，格拉诺维特得出了这样的结论：能够对A有所帮助的"熟人"，足足达到了3万名之多。他分析道："我们可以间接、直接活用的关系网，远远超出了我们的想象。大约有3万个人能够给我们提供改变人生的机会，并且，这种可能性会一直向你敞开。"

如果从别人那里得到了机会，就意味着我们已经得到了那个人的信任。别人给你机会，是因为他觉得你值得信任，你的朋友也值得信任。因此，为了获得机会，我们最应该做的事情是：努力搞好人际关系，并把这种关系长久地维持下去。记住：能够带给你幸运的，并不只有彩票。许多幸运转机都来自你的熟人。

## 唇亡齿寒

成功人士，都有过数次通过熟人而得到幸运的经验。

很多公司的CEO们，就是从人际关系中获取了成功。三星经济研究中心以413名CEO为调查对象，对他们展开了一项"至今为止，最让你受益的是什么"的调查，并要求他们以四字成语来回答。应答者中的19.7%回答说是"唇亡齿寒"，即珍惜、重视人际关系之义。

唇亡齿寒一词，出自春秋时期鲁国的《左传》一书，意思是：如果嘴唇没了，牙齿就会跟着感到寒冷，用来形容两方关系密切、利害相关。许多人都因忽视人际关系而切身体会到了唇亡齿寒的痛苦。其中的大多数人，都深陷于痛苦之中却还不知其痛苦的原因，于是，恶性循环周而复始。

还有一个不太常用的成语叫鸡鸣狗盗，它的典故是这样的：

战国时候，齐国有一位王公之子，因生辰八字不吉利，又是庶出，因而被丢弃。母亲不忍心丢下儿子，便偷偷地将其养大成人。孩子名为田文。

后来，田文的父亲得知此事，把他叫来，定为继承人。父亲去世后，田文继位，此人就是孟尝君。也许是出于对自己幼年时期不幸的补偿，孟尝君总是热情地款待每一位来访者。流离失所的文人大夫和流亡客都闻名赶来，也有骗子混迹其中。孟尝君不分贵贱地对他们平等相待，门下食客超过了3000名。

秦国昭王邀请孟尝君来秦国担任丞相，孟尝君带着他门下的1000名食客一同前往秦国。但秦国大臣中有人挑拨离间，他们说："孟尝君虽是庶出，但的确是出身于齐国王族，如果此人当上了丞相，定会与齐国携手迫害秦国。"一开始，昭王对此并不在意，但随着众臣的反复议论，昭王动摇了。他把孟尝君软禁起来，决定趁机除掉他。

孟尝君提前得知了消息，于是派人去向昭王最宠爱的妃子求助。妃子说："如果能给我天下无双的狐白裘（用白狐的皮毛制成的皮衣），那我会考虑考虑。"但是，天下仅有的一件狐白裘已经作为礼物献给了秦昭王。

孟尝君苦苦思索也找不到对策，就在这时，有一个善于钻狗洞偷东西的食客站了出来，从昭王的宝物箱里偷出了狐白裘。妃子得到狐白裘后，说服了昭王不杀孟尝君，并答应送他回齐国。这便是"狗盗"的好运。

孟尝君害怕昭王变心,便伪造了一份通行证,试图连夜逃走。一行人来到了城门前,但是大门紧锁。按照秦国法规,每天鸡叫之后才能打开大门。要等到城门打开还需很久,但昭王的追兵马上就要来了。

正在这时,孟尝君的队伍中,传出了几声嘹亮的雄鸡啼鸣声,接着,其他雄鸡也跟着一起啼鸣。虽然守卫觉得奇怪,但还是起身打开了大门。出城后,雄鸡还在啼鸣。孟尝君这才发现,原来鸡叫声正来自他的一名食客。是那些出身民间艺人的食客们,救了孟尝君的性命,这就是"鸡鸣"的好运。

## 好好把握身边的朋友

很久以前,我在刚创业时结识了K。当时我对业务很不熟悉,运气也不好,所以事业失败了,我与K一起合作的工作也不得不中断。我找到K,为给他造成的损失道歉,K非但没有一句怨言,反而还给了我温暖的安慰。

如今,过了这么久之后,我又一次遇见了K。经过一番交谈之后,我们突然有了一个好创意,虽然没有太大的把握,但还是立即开始了项目。我们的配合是如此默契,互相看一眼,就能立刻读懂对方的心思。我们共事的过程,也都一直相当愉快。

现在,我们的项目小有所成,并开始引起业内人士的瞩目。我从没想过,自己会与K再见,还能一起收获这么大的成功。此后,我们的缘分一直在继续,并且已经形成了稳固的信任关系。

缘分这东西,从来都是说不清的。什么时候会与分开的人再次相见、彼此会结下什么样的新缘分,这些全都无从知晓。说不定,曾与你有过一面之缘的人,会再次出现在你的面前,并给你带来人生的巨大转机呢。

因此,前辈们总是教导我们:"要努力地把握好身边的朋友。"

我们每个人，都有三万名幸运天使在守护着。幸运天使不是陌生人，而正是天天与我们见面的朋友、单位里的上司，或是偶尔联络的前辈或后辈……幸运通过这些熟人来到你身边，给你带来新的机会。

"运七技三"这句俗语说，运气占了七成的比例，就是说，在我们的成功中，有七成形成于与他人的人际关系之中。

那些成功人士，会花费七成的努力来搞人际关系。因为他们已经意识到了这个真理：幸运的多少，取决于你待人的高低。松下幸之助会长把他99%的幸运归因于手下职员身上，也是出于同样的道理。

幸运女神是看不见的，你只能通过灵感来感受她，但幸运天使是能够看见的。幸运天使不会像女神那样，赐予你巨大的幸运，他们只会提供给你一个个简单的小幸运。所有成功的出发点，都是这些简单的小幸运。

幸运天使，有可能是你的朋友。比尔·盖茨的事业，是与保罗·艾伦等朋友一起开创的。同样，如果没有史蒂夫·盖瑞·沃兹尼亚克，史蒂夫·乔布斯也无法创造出"苹果神话"。

幸运天使，有可能是你的另一半。许多管理者都说："我现在的成绩，得益于家里的那位贤内助。"很多成功人士身边，都有一位这样的贤内助。对他们来说，另一半就是自己的幸运天使。

幸运天使，还有可能是你的父母、同事或学校的前辈、后辈，就是那些在你困难时期给你温暖与关爱、给你力量帮你重新站起来的那些人。看看你的周围吧，说不定此刻坐在你身边的那个人，就是你的幸运天使呢。

某些人懂得与幸运天使沟通，因此可以轻而易举的搭上幸运的肩膀。就像那些英语好的学生，即使遇到了不懂的单词也不会去查字典，他们能够充分地揣测出身边"天使"的心思，用心地聆听周边人的想法，并与之交流和分享经验。这样，就会有更多的幸运天使向他们涌来，正如"鸡鸣狗盗"这个典故里的孟尝君一样。

# Part 3

## 管理幸运的人,被不幸摆布的人

> 幸运,就像磨盘一般在转圆圈。
> ——西班牙俗语

## 01

## 工作没有高低，有高低的是人心

**创**造出星巴克奇迹的霍华德·舒尔茨，在1981年28岁时，就已经相当成功了。当时他已经是瑞典厨房塑料用品公司美国分公司的副总经理了。

舒尔茨是"从小村庄里出来的一条龙"。他出生在纽约布鲁克林平民区，靠领取奖学金才读完了大学课程。后来，他进了一家日用品公司工作，并迅速爬升到了副总经理的位子。有一天，他看到了西雅图一家售卖咖啡的小店转让的广告，便立马飞了过去。在那里，他品尝到了美味的现磨咖啡，那种美妙的感觉，让他有了一种"发现新大陆"似的感觉。

他辞去了原来的工作，想要买下那家店，把它改造成咖啡馆。这意味着他放弃了所有既得的权益和原有的成功，要一切从头开始了。一年后，他终于买下了星巴克。为了筹集资金，他拜访了242名投资人。其中有217

个人回绝了他。这位创造了世界上"最佳咖啡网络"的人，在其早年有过无数次被拒绝的经历。后来，星巴克成功地成长为一家世界级大企业，全世界拥有一万六千多家门店。

霍华德·舒尔茨放弃了安定的工作，选择了卖咖啡。对于做决定时的心情，他在自传里有过这样的描述："我是为了我自己才做出这个决定的。如果当时没有抓住机会、没有放弃舒服的工作、没有选择冒险，而继续虚度光阴的话，那么我想，机会也就与我擦肩而过了。"

俗话说：人往高处走。像霍华德·舒尔茨这样，能够扔掉"好名片"而选择"别人都不予认证的名片"，选择从高处降到低处，是很不容易的事。一张好名片，基本等同于"阶层标志"和"成功认证书"。因此，人们渴望从低处爬到高处，希望从小企业跳槽到大企业。"这种工作太丢脸了，我做不来。""领导的年龄竟然比我小，真丢死人了。"

对于总看高处的我们来说，很多事情都因害怕丢脸而不愿去做：别人都在体面的位子上做着体面的工作，而自己却在无名的位子上做着无名的工作，这简直是一种耻辱。我们心想："我也是妈妈眼里的骄子，不能做太差的工作。"其实，工作本身没有高低之分。有高低之分的，是我们的心。

## 管理好自己的名片

经验是只可意会不可言传的，很难单单从别人的话语和文字中领悟到，而要从反复的尝试和更正中亲自获取。耽搁时间要蒙受损失，轻信别人会上当受骗，借高利贷就得偿还高额利息。虽然前辈已经告诫了我们无数次，但在自己亲身体验到之前，我们还是坚信这些都与我无关。只有亲自体验之后，我们才能深刻地领悟到某些经验的精髓。

有一种经验是：有效时间之后，名片就会过期。大家心里都明白，总有一天会离开职场。但在那天来临之前，我们仍旧以为那是别人的事情，依旧我行我素、照旧生活。直到某一天，你的名片变得毫无意义了。不管你在什么地方、做着什么工作，早晚有一天，它会变得毫无意义。从你退休的那一刻起，名片就变成了毫无用处的一张废纸，这是工薪阶层的悲哀。

所以，我们应该重新整理自己的名片，摸索出新的起点。工薪阶层一般都有一种害怕丢人的心理。现在绊住你脚步的，正是这种心理。

也许，它正是我们给自己的惩罚。我们不看重某种工作的本质（价值、自豪感、其他人的幸福），一直回避让自己丢脸的工作，结果最后却到了不得不丢脸的地步。"比起100张'好名片'来说，'我的梦想'更为珍贵。"到头来你会万分懊丧，怎么自己没有早意识到这一点呢。如果是为了梦想而工作，那么，即使它让你丢脸，你也会在所不惜、竭尽全力的。

不过，你的人生真的到了"走到这一步一切都完了"的地步吗？运气是转动的，在一切结束之前，很难下定结论。不管什么工作，新的挑战都开始于克服丢脸的恐惧。

相信我们都有过类似的经验。在学习自行车、游泳、高尔夫之前，我们都要经历反复摔倒、反复喝水呕吐、反复击错球、尴尬得恨不得找个地缝钻进去的阶段。只有经得起这些丢脸的事，我们才能积累起对自身的肯定。

拥有自我肯定感的人，会对自己满意、对他人宽容。有了自我肯定感之后，便能够从容地从大局出发，发现隐藏起来的真正机会。很多幸运儿，都是从高处下到低处，不顾丢脸地一切从头开始的。他们从好名片提供的舒适环境中跳出来，选择了一条让自己没有面子的路，正如霍华德·舒尔茨。

　　始终如一的梦想和丰富的经验，会帮助他们发挥出自身潜力，在不久之后遇到属于新手的幸运。只有在旁边一直静静观察的人才知道：其实，这些成功是早就准备好的幸运。

## 02 用失败宣言关闭不幸之门

**在**朋友的劝导下，C开始炒股了。虽然投资不多，但因为朋友提供的正确情报，他尝到了甜头。C决定好好谢谢这位朋友，再送给自己的妻子一份结婚纪念日礼物。

但很快，这种想法就烟消云散了，取而代之的是后悔与自责。"早知道这样，当初多买点儿股票就好了。朋友要是早点告诉我，就更好了。"

拿到年末奖金后，C把它全部投在了股票上。但之前小有起伏的股价，现在就像断线的风筝似的，开始急速下降。C决定赌一把，他背着妻子取出了购房存款预备金，然后拿着这笔钱又以低价购买了一批股票。他心想，这样就能挽回股价下跌而带来的损失了，而且股价上升时，还能够大赚一笔。

可股票行情完全不按他的意志走，反复几次小幅涨落之后，就停滞不动了。他决定抱着必胜的信念,继续等待下去。

他俨然变成了股票的奴隶,因为总惦记着随时查看股价而无法集中精力工作,他害怕自己被套住,内心充满了惶恐与不安。这种感觉,就好像是把自己关进了监狱里,这座监狱的名字叫做"我绝不能失败"。

我们都惧怕失败,从小,我们所接受的教育就告诉我们:要是失败了,不仅是我们自己,连周围的人都会受到牵连。实际上,比起失败本身,我们更害怕的,是受到责备。

每个人都认为应该避开失败,因此,大家都一窝蜂地涌向不会导致失败的、安全的道路——那些别人都已经走过的路。这反而使原本安全的路变得也不再安全了。

有时,你会陷入绝望的境地,使出了浑身解数,却依然找不到出路,此时,还有最后的一个方法。

这个方法,就是承认失败。它是最后的一个选择,即承认失败之后,再重新回到原来的出发点。

只有堂堂正正、大大方方地宣告失败,不幸之门才会关闭。接着,对面的幸运之门才会打开。

有一个人,就是在经历了很多失败与不幸后,才又接连遇上好运的。我们来看一段他的演讲吧。

真的,整整好几个月,我都一事无成。我感觉自己让硅谷的那些风险投资前辈们失望了,那感觉,就像是我把他们传给我的接力棒重重地摔在了地上。我想与戴维·帕卡德(惠普共同创始人)和罗伯特·诺伊斯(英特尔共同创始人)见一面,对此次的失败,向他们深深致歉。我还想过,要不要永远地离开硅谷。但随着时间的流逝,有一个东西变得越来越明晰。那就是，我依然深爱着我的工作。在苹果公司的这段时间里，我一直都深爱着它，从未改变过。虽然被炒了鱿鱼，但我对工作的感情，一点儿也没有改变。因此，我下定决心，从头再来。

当时，我还全然不知被苹果辞退这件事，之于我，这其实是个巨大的幸运。原先成功人士的重压感，现在被重新开始的欲望所代替。我开始带着一种自由开放的心态，进入到随意发挥创意的人生时期中……

——史蒂夫·乔布斯，斯坦福大学毕业贺词（2005年）

## 刚开始的幸运

在史蒂夫·乔布斯的故事里，"从头再来"是个重要的关键词。

那些从残酷的失败中重新站起来，而后取得了成功的人，都曾经说过从头再来这个词。特别是从年轻时就取得了成功，然后经历了漫长的停滞不前，最后又重新站起来的那些人，都有过这种从头再来的心态。

有句话叫做"刚开始的幸运"，意思是不论何事，刚开始的新手都会好运相随。如第一次赌博、第一次炒股的人，一般都会赚得很大一笔钱回来；刚开始摆弄相机的业余摄影师手中，也常会出现意外的好作品。

仔细观察这种幸运，你就会发现一个有趣的结果。

刚开始的人（即新手），一般不会抱太高的期待，他们知道的不多，所以期待的也不多。就像小孩子一样，心无杂念，快活又轻松，不用理性地去追问探究，而是随着感觉自然地往前走，也从不为结果而担心。这样，即使遇到小小的幸运，他们也会开心不已。

之所以新手们能够享受到这种无敌的幸运，是因为以上这些要素绝妙地结合在了一起的缘故。平时被理性所掩埋的直觉，忽地一下子爆发出来，打开了幸运之门。

但是，如果新手们想认真地、正儿八经地试一试，那么，他从前的幸运就会摇身变为不幸，还会让他失去原先所拥有的一切，C就属于这种情况。

从头再来这个词，在佛教中被称为"初发心"，意为刚开始寻求感悟的那一刻。佛教强调一个人要有初发心，因为刚开始的时候，最能得到正确的感悟。

把初发心延伸一下可以说是：在经历了成功与失败、百般周折之后，又重回原点的心境。经历了这么多，还像儿童那样纯真地跟着感觉走，不担心、不畏惧，带着一种平常心泰然处之。

东方人称这种心境为"空心"。史蒂夫·乔布斯就是通过这种从头再来的初发心，遇到了超越以往的成功机会。

在失败中，人们总是与绝望同行。他们绝望地认为，自己已经被成功给抛弃了，成功不会再来。因而他们生活在过去的伤痛中，不停地折磨自己，无法承认"自己已经失败了"这个事实。可是，如果你不承认失败，失败就一直不会结束，不幸会不断来扰乱你的生活。

但那些能够重新站起来的人，会坦然地宣告自己的失败，并不断地进行自我反省："为什么在这个过程中，我单单执迷于这一条路呢？"他们会后退一步，带着初发心，与失败做朋友，不过现在的心境，已与之前不同了。

他们知道，只有放空自己，才能重拾幸运。他们不急不躁，带着初发心，带着年少时的纯真，慢慢积累，从头再来。这样得来的成功，是异常坚实的，不会被小考验轻易地击败。

## 03 幸运也要用代价来换取

**快**乐,时常与痛苦和危险相伴,偶尔也和悲伤同行。同样,痛苦中也包含着意义与希望。婴儿呱呱坠地之时,母亲处于危险与痛苦之中,但同时也沉浸在无限的幸福与希望之中。钱能做很多事,但也会带来危险与担心。同样,没钱的话很不方便,但贫穷的人也许是心灵上的强者。

林肯因其不屈不挠的斗志和好运气,最终成为了美国总统。但神给予了林肯"总统运",却没有给他"好妻子运"。与出身贫寒、生活节俭的林肯不同,他的妻子——出身于肯塔基州上流阶层的玛丽却是个购物狂,总是因无可遏制的购物冲动而背上一大堆债。

入住白宫后,玛丽依然花钱如流水。在南北战争时期物品极为稀贵,为了战争的胜利,林肯提醒大家要省吃俭用,他自己率先垂范,践行节俭。

但是,玛丽却对此置之不理。军用被褥短缺,军人们怨声载道,而玛丽却在此时给自己购置了贵达2000美元的披肩，引起了民众强烈的不满。她还曾在一个月内购买过84双手套，当时林肯的年薪也就是2万美元，但玛丽每月都花费数千美元用于购物。对玛丽的浪费习惯，林肯非常厌恶。他数次试图说服妻子，但双方完全无法沟通，最后林肯只得认命。

林肯被暗杀后，玛丽依然疯狂地给自己购进耳环、帽子、钟表、披肩、陶瓷等奢侈品。光是那些买来不穿的衣服，一整个房间都摆不下。

生活不会满足我们所有的愿望，在财运、爱情运、事业运、健康运中，每个人都是会在某一方面突出，某些方面有所缺陷。比如，你头脑聪明，但缺乏耐心；你有天生的音乐才能，却没能拥有一副健康的体魄。

有些父母，总是满心抱怨："真不知道我家孩子那副长相，到底是像谁。"其实，这都是父母基因的结合。与其抱怨孩子不完美，不如反省一下自己是不是完美的父母，因为孩子是什么样，都是父母影响的结果。我们常说，有其父必有其子，说的就是这样的道理。父母与孩子，可以说是互为镜子。甚至爷爷奶奶的影子，也会显现在孩子身上。

世界上不可能有性格、脾气完全相同的父母，自然就不会有性格、脾气完全相同的孩子。归根结底，我们都各自生活于自己与他人结成的独一无二的脉络中。这就注定了人与人的命运之间，有着摆脱不掉的变数。生于同年同月同时的两个人，命运就一定相同吗？当然不是。

我们不是独自一人生活在这个世界上，自己的天赋素质之于幸福与成功的影响，最多只占30%，剩下70%的命运，是与周边人的交往来去中调和而来的。

古人们常说，左右一个人一生的三件大事：第一，是生命中的另一半；第二，是事业上的成就；第三，是生儿育女。

如果一个人在这三件事情上得了好运，那就没有比这再好的福分了。一个人夫妻和谐、家庭和睦、人际关系顺畅，这是一种幸运，在此基础上，他还会遇见更好的运气。因果是相辅相成的，原因导致结果，结果又会成为另一件事情的起因。

专家们强调："没有比早早地成功更为不幸的事了。"只有那些早年饱经风霜、尝遍辛酸、内心成熟的人，才能在以后处于人生顶峰之时，依然坚挺在各种大风大浪之中。而早早地遇见幸运，然后糊里糊涂踏上顶峰的那些人，一般都会变得骄傲自大、自甘堕落。虽然，还没有过这种经验的人都会拍着胸脯，自信满满地说："我决不会那样。"

年少时的堕落，会让心灵受到重创，想要重新站起来，可就不那么容易了。所以，可以这么说：与年纪轻轻就遇见幸运，获得成功相比，中年以后再遇见幸运，更有利于整个人生的发展。从这一点来看，我们真没必要去羡慕那些早早就成功的人。

## 放宽心吧，我们本来就无法拥有全部

许多现在享受幸运的人，都曾有过一段不幸的人生。沃伦·巴菲特，曾经申请过哈佛大学商学院，但不幸落榜了。哈佛大学是他梦寐以求的地方，他相信自己一定能被录取，所以，这样的结果让他备受打击。但是，他立马调整好心情，重整旗鼓，最后得以进入哥伦比亚大学攻读MBA。

在哥伦比亚大学，巴菲特见到了他的幸运天使——本杰明·格雷厄姆。当时的本杰明·格雷厄姆，是哥伦比亚大学商学院的教授，被视为20世纪华尔街的最佳投资人和证券分析之父。在其个人著作《聪明的投资者》一书中，本杰明·格雷厄姆指出："相比一生中那些平凡的努力，一次巨大的幸运作用要大得多。但须知，这种幸运背后，要具备完好的准备和训练。"

1796年开始，贝多芬失去了听觉。他开始躲避人们，也无法再写出音乐。他甚至有过轻生的念头，曾写下遗书说："就像秋天的落叶落在地上，我的希望也不存在了。"但他没有向命运低头。他最为人称道的名作，都创作于失聪之后，如第五交响曲《命运》、第六交响曲《田园》、第九交响曲《欢乐颂》等。最后一支——第九交响曲上演时，贝多芬已经完全听不到观众的反响了，直到他转身之后，才看到了观众狂热的欢呼，他激动得热泪盈眶。

有时，现实感是消除不幸、招来幸运的最好法宝。心理学中有个名词叫做乌比冈湖效应：乌比冈湖是盖瑞森·凯勒在其讽刺小说中虚构的一座小镇，那里住的都是一些自认为"很了不起"的人。每个人都不想低于别人，所以每个人都把自己看得很了不起，并以此来获得快乐。

但在有些人身上，乌比冈湖效应体现得实在过于强烈，显而易见的事实，他却视而不见。因而，他会在每次选举时都不自量力地冲上去自讨苦吃，还会要求在学校中表现不好的孩子转学。他们的理由是："我的孩子原本很善良，都是被别的孩子带坏了，只要把那些坏孩子踢出去，他自然会改好的。"每当遇到承担不了的后果，他们就会抱怨说："付出的代价太大了。"既然代价如此之大，当初就不应该主动去碰钉子，只能说他不知天高地厚，自不量力。自不量力的结果，自然可想而知。他们永远都活在对别人的盲目艳羡中，白白地虚度自己的光阴，并付出惨痛的代价。

智慧的人遇到不幸时，会欣然接受。他们视不幸为"既成的、无法弥补的事实"，因而会坦然面对各种曲折坎坷。他们依然会以不屈的意志，理性地、乐此不疲地追求自我价值。他们知道，自己无法拥有全部，所以会平静坦然地接受各种成败得失。这些代价，都是遇见幸运之前的铺垫。因为，幸运从来都不是免费的，它是需要付出相应代价的。

## 04

## 路易十一的气球

1475年，法国国王路易十一听说英国国王爱德华四世正率领史无前例的庞大军队穿越英吉利海峡，准备登陆法国。这个危险的消息，让他大为震惊。路易十一与众臣们绞尽脑汁，却还是毫无对策。频繁的战争，已导致国库几近亏空，而且突然招募训练士兵，又谈何容易。除了坐以待毙之外，似乎无路可走了。

突然，路易十一表示，要与英国议和，大臣们极力反对，"不能还没开打，就先投降"，还有人说："英王很可能不接受议和。"五年前，英王曾遭到法国突袭而狼狈逃到荷兰，因而这次进攻，纯属是一场复仇之战。

路易十一固执己见，坚持要议和，英王竟出人意料地接受了。为了庆祝两国协商和解，路易十一连摆了两天两夜的宴席。

最后，两国签署了和约：爱德华将从路易处获得75000克朗的赔款，以及50000克朗的年贡。

英王撤军回去以后，路易十一说道："我用比先王更好的方法，击退了敌人。先王为了打仗，花费了巨额的军费，但我却以酒水款待和少额的费用，就把敌人打发走了。"

路易十一议和战略的成功，得益于他的"情报"。因为在此之前，他得到了英国国王正为财政问题头疼不已的消息。因此，当法国提议给英国赔款作为战争补偿时，爱德华四世当即应允了。这样，爱德华四世在没有依靠议会任何补助金的情况下，就顺利地解决了这场战争。

但是，战争赔偿并没有支付多久，只持续到1482年，因为这时的法国已具备了充足的实力。愤怒的英王想重新攻来，但却因病去世了。

这个世上没有永恒的事物。即使再好的运气，也有干涸的那一天。运气减少时，人很容易陷入失败的危险之中。一路高歌猛进的人，偶尔也会尝到惨痛的失败。

有的失败，会把你之前所有的成绩都化为泡影。即使是19胜1败，如果这一次失败是决定性的话，想重新站起来也很不容易。但这一次决定性的失败，并不是从一开始就是"决定性"的，是失败者自己将失败扩大化了，这一失败，便抹掉了之前所有的成功。

大部分决定性的失败，都开始于一些微小的变化。失败者常常不愿意承认这些变化，因此总是无视它们的存在。这样，变化越来越大，以至到了危险边缘。当他们迫不得已想要承认失败的时候，又害怕伤害自尊，最后只得壮着胆子，扑向不幸女神，想要与其同归于尽。

幸运的人儿人人相似，不幸的人儿各各不同。人与人之间的巨大的差异，往往来自于我们对待不幸的不同态度。

## 放掉自我这颗气球里的气

A老板与B老板共同创业，但后来，他们的事业垮掉了，数十年的友情也随之付之一炬。

他们的决裂，是从生意下滑时开始的。自从有了竞争对手，行业中展开了激烈的价格竞争，产品的价格一降再降。

A向B建议说："我们这个行业前景不好，要不然，咱们卖掉现在的公司，试试其他行业如何？或者直接隐退算了。"B勃然大怒："这么不容易才建立的公司，怎么能说卖就卖？"

虽然B的语气让A心情不好，但他还是强压住了怒火。接着，他们增购了一批设备，想通过扩大生产规模来压缩产品的成本。B口出狂言说："那些竞争对手没什么了不起的，过不了多久，就会统统被我们打败。"

但事实证明，他们的预测错了。竞争公司也开始增产，市场出现了供应过剩的问题。为了销售产品，减少库存，他们只得以低于成本的价钱把产品销售出去，接着，公司出现了严重的财务问题。两人开始互相怪罪于对方。

"看，要是当初按我说的卖掉公司该多好……"听到A这么说，B大声吼道："这公司是我多么辛苦创办的，怎么能随便卖给那些完全不懂的人？"A也情绪失控了："是你自己创办的吗？是咱们一起创办的。时代变了，像我们这种运营方式经营下去，你觉得还能撑多久？"

B誓死坚持说："我不管，我要挺到最后，决不就此放手。在我死前，我一定要先让那些家伙关门大吉。"

结果，最先关门大吉的，却是他们的公司。

遭遇不测之时，如果承认失败，你还可以期待下一次的幸运。但是，能大方承认失败事实的人，真是少之又少。大部分人，都自以为是地想要坚持到最后，结果终于把失败扩大到了无可挽回的地步。

要想承认失败的话，应该先放掉气球里面的气体，即先把你心里的"虚伪意识"给放出来。

当事业或生活处于上升期时，我们的自我这颗气球就会不断充气膨胀。但这气球里满满当当的都是虚伪意识的气体，在遇到不幸之时，根本没有承担失败的能力。我们带着"绝不可能失败"的虚伪意识，试图坚持到最后，结果最终把气球撑爆了。

路易十一在这方面，是个了不起的人物。他勇于放下一国之君的自尊心和颜面，明智地解决了问题。如果他没有放掉气球里面的气体，而是坚持与英国对决到底的话，说不定会被打得狼狈不堪，也不会有现在的法国了。

不仅如此，路易十一还积极采取各种政策奖励工商业、加强王权、富国强兵，很快，法国就摆脱了英国的压制。在他的领导下，法国顺利地送走了不幸，重新迎来了新的幸运。

处于不幸之时，需要有强大的自制力。只有发挥自制力，才能放掉气球里面的虚伪意识，防止我们自怨自艾。

那些像不倒翁一样可以重新站立起来的人，在每次失败之时，都会有所收获。收获，并不只是在成功时才有。在人生的下降期，他们会运用个人的自制力，看清现实中自己是处于一个怎样的位置，而不对名利过于较真，该丢的丢，该保存的好好保存。这样，即使失败了，成功的火种也依然没有熄灭，你依然可以东山再起。

## 05 不要蒙着双眼走下坡路

**足**球比赛中，输球的一方通常是这样失败的：当比赛形势不利或焦灼时，一方的选手就会由于沉不住气做出犯规的动作，然后就会受到裁判的警告。每个人都害怕吃到红牌无法出战下一场比赛，只好收敛起来，踢得格外小心。可对手会趁势不断地诱导他们犯规，导致他们心烦意乱，无法正常发挥。

警告越多，失误就会越来越频繁，同伴之间的埋怨也会随之增多。接着，就会有选手控制不住情绪使用暴力而被罚下场。愤怒的情绪，会影响选手的精神专注和判断力，会降低选手的控球能力，最后毁灭他们逆转的希望。

于是，恶性循环开始了。不顺畅的比赛刺激选手们产生愤怒的情绪，有些队员会犯规，甚至被罚出场外。最后，选手们失去了对局面的把握，也吞下了比赛失利的苦果。这次失败的阴影，还会延续到下一场比赛。

运气下滑的时候，还要跟着"感觉"走，是件非常危险的事，因为这时的感觉往往是不正确的。现在，不妨放下书，想一想：自己现在是否运气不太好，却依然不管不顾继续跟着感觉走着弯路。

很多人，明明人生在走下坡路，却不愿承认，继续固执己见、我行我素，最后的结果，只能是狠狠撞到现实的墙上。那些曾经红极一时的明星，都是这样暗淡的。一部不叫座的电影，或是一张不受欢迎的音乐专辑，就是他运气开始下滑的信号，但他却无视这些，继续一意孤行。他们拒绝观众口味的变化，也拒绝努力地改变自己，甚至还把自己的失败归罪于他人："都怪那家制作公司……还有市场营销上的失败……"一边这么说，一边心里充满了怀疑与恐惧："再这样下去，我会完蛋的吧？"

接下来的是愤怒感。自己付出了那么多，辛辛苦苦地养家糊口，到头来竟然败得这么惨。一种强烈的被背弃感，立马涌上了心头。如果沉浸在这种愤怒中不能自拔，就很难重新站起来了。一个人如果被Harpy①夺去灵魂的话，就会敌视别人，同时也会毁灭自己。

因公司倒闭而失业的L，通过亲戚的介绍找到了一份销售的工作。适应一份新工作可不是件容易的事，常常是与顾客约见商谈之后却被拒绝，这比在公司开会受上司责备，要让人难受得多。她的精神压力一天天增大，每次被客户冷酷拒绝之时，内心就像刀割一样刺痛。

有一天，L接到幼儿园打来的电话，说自家的孩子把其他小孩的鼻子打破了。她赶忙跑到幼儿园，去给那位孩子的母亲道歉，然后流了一路的眼泪回到公司。会议结束后，组长开车送她回家。在车里，L开始发泄她

---

① 希腊神话中的鹰身女妖，长着女人的头、身体、长长的头发，鸟的翅膀和青铜的鸟爪。——译者注

对顾客的不满。在这不到一个月的时间里，她尝尽了生活的艰辛与人世的辛酸。但是，组长却给她上了宝贵的一课：

"我们不能抱怨顾客。理由之一，工作中被拒绝是家常便饭，它只不过是数种失败的其中之一而已。销售业绩越好的人，被拒绝的次数就会越多。再说，那些拒绝别人的人，同样也会在其他地方，被其他人拒绝的；理由之二，被拒绝的是什么？是你，还是提案？因为你混淆了这两者，所以才会生气。被拒绝的又不是你，你没必要因此而意志消沉；理由之三，到今天为止，你被拒绝过多少次了？被拒绝过那么多次，不正好说明你在努力地生活着吗？你看你现在活得好好的，以后还会更好，有什么可担心的呢？"

组长的一席话，让她如梦初醒。退一步海阔天空，这不仅会让你的愤怒即刻消散，还会让你看到全新的世界。

## 愤怒是最差的向导

陷入不幸，并不代表你没有积极地生活；同样，积极地生活着，也不一定就能赶走不幸。不幸和幸运，都是我们生活中不可或缺的一部分，不是我们可以随心左右的。我们能做的，只是进行适当的自我管理，跟着运气走，别无他法。选择怎样对待不幸，会对你以后的命运产生决定性的作用。这时，如果选择错误，不仅会让你离幸运越来越远，还有可能让你更深地陷入不幸的蚁穴中去。

愤怒，也是选择的一种。愤怒没有一点儿好处，它是一种破坏性的情感。平时，它总是潜伏着，但在发现发泄对象时，它就会像火焰一般瞬间喷发而出，支配你的心灵，蒙蔽你的双目。如果被笼罩在极度愤怒中，你就很难正确地看待这个世界。愤怒的人，一般都张大嘴巴，闭紧眼睛，面怒狰狞。即使运气来到他面前，他也不可能看得见。

他们心想："我不幸福，别人也都休想幸福。"最后，他成了所有人都唯恐避之不及的扫把星。从你嘴中喷出去的愤怒，会变成痛苦，重新回到你身上。连原来你身边的那些幸运天使们，都会一个个离你而去。

这时的你，孤身一人沉浸在绝望之中，盼望有人能过来拉你一把，但当有人伸出相助的手，却又被你没好气地推开了。这是因为，愤怒之心已经吞没了其他所有积极的情感。最终，受伤的还是你自己。

人生有起有落，这本是世界的常理。你只有接受这个事实，该下来的时候及时下来，才有可能在以后重新爬上去。世界上第一位登上喜马拉雅山顶峰的人是莱因霍尔德·梅斯纳尔，当别人问及他在登上顶峰时有何感想时，他的回答很简单："我只是在想一个问题：我要怎么下去？"

活着的过程，就是积累"因果"的过程。现在的行为，是过去行为的结果，又是未来行为的原因。据先人们解释，现在的厄运，正是对过去恶因的清算，即现在你所经受的考验，正是在还你原先所欠的债。

对此，如果你觉得冤屈，因而把愤怒指向其他人的话，那么，你不仅不能清除过去的恶因，还会埋下未来的恶因，然后再形成更大的恶因。噩运就要被召唤来了。"如果生气了，那就从一数到十；如果想杀掉对方，那就从一数到一百。"这句话，出自美国前总统托马斯·杰斐逊。

心理学中，有睡眠者效应（sleeper effect）一说。即，如果将相同的信息，间隔一定的时间反复输入大脑之中，那么，你就会忘掉之前占据大脑的内容，就像是睡着了一样。每当感到不幸而生气之时，你可以试着从一数到十或数到一百，那你的愤怒也许就真的睡着了。

能够顺利挺过不幸时期的人们都会明白：不走运时是没有什么好对策的，你能做的只是把运气下滑的速度调慢一点儿。越是不幸，他们越会注意人际关系，不要让自己对不幸的愤怒赶走身边的那些幸运天使。那些倒下就起不来的人和那些能够重新站立起来的人之间的差异，就在于此。

能够东山再起的人们遇见不幸时，会在幸运天使的帮助下，坚持到幸运再次光临。如果他们又成功了，那是因为幸运天使陪伴他们平安度过了不幸时期。虽然幸运没有理由，但成功，一定是有原因的。

# 06

## 世界上最优雅的复仇

1998年，美国花旗集团董事长杰米·戴蒙，从他的事业之父、人生之师那里听到了一个震惊的通知——让他离开公司。把他驱赶出公司的，是桑迪·威尔——让花旗集团成为美国第一大金融集团的人。

戴蒙与威尔已相识二十余年，戴蒙的父亲也是威尔公司的职员。从戴蒙上大学时起，威尔就一直密切关注着他，等到戴蒙从哈佛大学商学院毕业，威尔就直接录用了他。

戴蒙就像是威尔的影子。1985年，威尔受人背叛被赶下台时，唯一追随他主动离开公司的职员就是戴蒙。之后，两人齐心协力、同舟共济，成功地东山再起。他们兼并了花旗银行与旅行者集团，打造出了全美第一金融公司——花旗集团。但是，这位"父亲"却背叛了他的"儿子"。

对此，戴蒙愤怒至极，实在咽不下这口气，于是，他每天跑去拳击馆狠狠地打沙袋。白天练习拳击，晚上挑灯夜读。这种生活，他整整过了1年又6个月。

一天，戴蒙接到了一家金融公司的邀请，于是他去了芝加哥重新发展。之后，他成为了美国第一银行（在美国银行中位列第四）的CEO。

刚刚到达芝加哥第一银行的总部，戴蒙就下令中断了管理人员办公室的装修工程，然后，他在办公室贴上了一条门框大小的标语：NO WHINING。意思是：不抱怨。

我们的一生中，会遇到很多很多人。其中，有你人生的伴侣，有你终生的朋友，也有与你擦肩而过、只留下短暂快乐回忆的人。这些偶然的相遇，都是幸运赠与我们的，是它让我们结下了有意义的缘分。

李秉喆董事长说过很多次："有三利，就必有三害。"意思是：得到三种利益的同时，也必然会有三种不利紧紧相随。运气越好，你越需要为此付出巨大的代价。得到好运的同时，往往你也会失去些其他的东西。

桑迪·威尔与杰米·戴蒙之间，也是这样。原本，两人相处和谐，相互间毫无芥蒂，但两人间的关系，却因威尔女儿的工作问题而受到了破坏。威尔的女儿杰西卡，原来在戴蒙麾下的资本运营子公司工作，但却因在升职中落选而离开了公司。

而查尔斯·普林斯——戴蒙的有力竞争者，趁机在两人之间挑拨离间，让原本就因杰西卡的工作问题而变得有点尴尬的威尔和戴蒙之间的关系更加恶化。查尔斯还与其他管理者一起给戴蒙施压，因为大多数花旗集团的管理者，早就对这位才四十出头就当上CEO的杰米·戴蒙心怀不满了。

董事会上，所有人把矛头一齐指向了戴蒙。他们把子公司业绩不好的责任全都推给了戴蒙。戴蒙向威尔寻求帮助，但威尔却选择了袖手旁观。如此危急时刻，威尔——这个曾经戴蒙最为信任的人，却背叛了他。

但其实，不幸是一个人成长的必经阶段。只有经历过不幸，才会反思自己，才会变得成熟。不幸之于下一次的幸运，具有非常深远的意义。就像电影中，坏人越坏，主人公的形象就会越发显得伟岸一样。

## 承受背叛后，谁都想报仇，但是……

2004年初，摩根大通宣布与第一银行合并。之后，其资产规模迅速升至世界第二位，仅次于花旗集团。这次的合并，是戴蒙为了向桑迪·威尔复仇而设计的作品。复仇的方式，也是从他的事业之父那里学来的。合并之后，戴蒙成为了新公司的董事会主席兼CEO。

波及了整条华尔街的金融危机，对戴蒙来说，是个绝佳的好机会。预先察觉到了异常的他，早已提前做好了准备。当整条华尔街都沉浸在金融危机的恐慌之中时，摩根大通却先后收购了贝尔斯登和华盛顿共同基金，借此又一次壮大了自己的实力。

这一举措，不仅印证了戴蒙的英明决策，也使他被推举为公认的华尔街新时代的金融领袖。2008年，摩根大通升至世界银行的第一位，花旗集团退居其二。卧薪尝胆十年之后，戴蒙终于实现了对花旗银行的"完美复仇"。

不过，这时的桑迪·威尔，早已经隐退了，而带头赶走戴蒙的查尔斯·普林斯，同样也因无力承担大规模经济损失的责任而被迫辞职了。此外，曾给戴蒙施过压的其他几位管理者，也都纷纷下马。

生活中，谁都无法躲避的，就是背叛。

任何时候，我们都有可能被人背后插刀。那个背弃你的人，有可能是你的同事、上司、后辈，也有可能是你的亲人或朋友，还有可能是你的公司。

世界上新的选择与机会总是层出不穷,许多人只顾沉浸在新的机会与幸运之中,而舍弃了原来就拥有的那些宝贵因缘。

没有什么不幸,比受到来自你最信任之人的背叛,更让人痛彻心扉的了。这种毫无防备的背后一刀,着实让人难以承受。

不管怎么说,对方是觉得遇到了一个更好的选择,所以才决定对你背信弃义的。被抛弃的耻辱感和极度的愤怒感,让你难以原谅那个背弃你的人。

你认为自己的一片精诚,遭到了极大的蔑视,于是你怀恨在心、怒火中烧。然后,你的脑海中,会浮现出各种残忍的报复手段,你在思索:我要怎样做,才能让那个背弃我的人倾家荡产呢?你的脑海中整天围绕着这些想法。在这一过程中,你的视野会变得越来越狭隘。

但有些人,会静下心来冷静地思考。戴蒙打了1年零6个月的沙袋,就属于这种情况。这个期间,他在安心而冷静地思考。

思考过后,你就会彻悟:即使你出手反击,对你来说,也不会有丝毫好处。再说,既然你们的因缘已断,不可能再回到从前,复仇之于你来说,其实没有任何意义。即使把你的痛苦全部归还于对方,你也依然不会幸福,只是在白白地浪费自己的时间而已。

运气好的人,会以自己独有的成熟方式来复仇。它不同于一般的复仇方式,因此一般人甚至都看不出,原来这也是一种复仇。

他们的复仇方式是:不会因被背叛而恨得咬牙切齿,而是先快速平息掉心中的愤怒,然后努力活得比背信弃义者更好。他们会回到正常的生活轨道上,做好准备迎接新的幸运。而后,通过自己的聪明才智,获得之于背叛者十倍、二十倍以上的成功。他们的精力,没有花在背叛者身上,而是花在了自己身上——通过努力地改变自己来增强个人实力。

遭受背弃的痛苦，无须刻意去遗忘。当你陶醉在实现自我的过程之中时，你便会自然而然地将其忘记。在这一过程中，你的力量，也在日渐增强。那些懂得忘掉过去的痛苦、去呼唤崭新幸运的人，会通过忘记背叛者，专心走自己的路来实现"复仇"——这是世界上最优雅的复仇方式。

## 07

## 终止之前，没有真正的完结

有一位男子，为了一本书的出版，足足等待了66年。他出生于英国曾经的殖民地——爱尔兰的一座贫民窟中，而后移民到了美国。在纽约，他作为一名英语教师，执教了三十余年。从小，他的梦想就是成为一名小说家，并从来不曾忘记。

到了60岁，他才开始执笔写小说。故事的内容，是根据他在爱尔兰的苦难童年改编而成的。66岁那年，他的小说终于成书出版了。这本书，因其特有的爱尔兰式幽默和让人心酸的故事，深深触动了人们的心灵，得到了读者的广泛好评。

这本书在美国极为畅销，书中的爱尔兰式幽默，在知识分子中广为流行。作为小说背景的爱尔兰利默里克，还专门根据小说主题设计了旅游线路。这本书名为《安琪拉的灰烬》。最终，这位男子在68岁那年（1997

年)获得了普利策奖,同时还获得了全美书评奖等荣誉。

人们喜欢读他的小说,但更爱他本人。因为从他身上,大家看到了希望:"在完全结束之前,你还有梦想成真的那一天。"

这个人就是弗兰克·迈考特。他以小说家的身份,度过了自己幸福的晚年,并于2009年去世,享年78岁。

唐代诗人杜甫在诗篇《君不见,简苏徯》中写道:丈夫盖棺事始定。

这句话告诉我们:人世间的事情,在盖棺之前,是难以下定论的。连年都拿第一的优等生,却在好几年内都找不到工作;几个月前还在四处奔走借钱的人,却在一夜之间变成了富豪;度过重重难关才最终步入婚姻殿堂的恋人,却在不到一个月的时间里,就跟对方挥手说了再见。

有些人,少年得志,集万千宠爱于一身;有些人,在别人都已消退之时,却依然活跃在人生舞台上,绽放出夺目的光彩。曾经亲密无间的朋友,可能在一夜之间就变成了仇敌;曾经势不两立的竞争者,也有可能突然变成你的救命恩人。

幸运女神的变化无常,使得运气也常常变化。人的一生,总是充满了变数和无从知晓的内容。看看下面的两个人,猜猜他们是谁?

A因成绩不好,在学校经常受排挤;参加战争,不幸沦为战俘;参加选举,因突发盲肠炎而落选;拿出全部资产投资股市,却因大恐慌而全盘泡汤;历经周折后,终于当上了长官,却因受到弹劾而被迫下台。

B在6岁那年父亲就辞世了,继而母亲也抛弃了他;他做过船员、轮胎销售员、消防员等各种工作;40岁那年,他开办了加油站和餐厅,之后,因车祸而丧子,与妻子离婚,因火灾而被迫停业,他又做起了加油员的工作;65岁那年,靠着政府发放的105美元补助金,他再次办起了餐厅。

A,是英国首相丘吉尔;而B,是肯德基的创办人哈兰·山德士。两人曾都经历过跌入谷底的人生不幸期，但他们都成功地扭转了人生流向，留下了足以载入史册的辉煌业绩。年少时未曾遇到的幸运，都在人生后半期相继出现了。

## 如果近来没有好运，说明你离好运不远了

成功扭转运气的例子不胜枚举。1979年，澳大利亚一名无名演员，醉酒后与路旁三名男子发生了争执，差点被打成一摊烂泥。第二天，他有一个尤为重要的试镜，而他要是带着这副鼻青脸肿的模样去试镜，结果可想而知。

但他并没有放弃，依然参加了试镜。其实，他自己也没报什么期待。因为，即使没有被打成这样，大概也很难通过试镜。

从剧本中选出了几个场景后，他开始了表演。这部片子的导演兼制片人，也就是好莱坞著名大导演兼编剧乔治·米勒，一直在愣愣地看着他的脸。表演刚刚结束，乔治·米勒就走过来，主动与他握手。

"你是为了今天的试镜，才故意把脸弄成这样的吗？"

"不是…… 昨天和几个酒鬼起了摩擦，所以…… "

"太好了！你就是我们要找的那个人。"

这位无名演员，名叫梅尔·吉布森。他们一起合作的这部电影，叫做《疯狂的马克斯》。《疯狂的马克斯》使梅尔·吉布森一举成名，成为世界级明星。乔治·米勒表示，他对梅尔·吉布森受伤的脸部很中意，于是便敲定他做这部电影的主演。

因打架而负伤，却变成了人生大逆转的契机。在担当《疯狂的马克斯》主演之前，梅尔·吉布森是个极其不走运的无名演员，但随着运气的

慢慢运转，他的不走运，却变成了世上史无前例的幸运。

运气是运转的。处于"不幸期"时，无论你作何尝试，结果都不会好到哪里去。即使你投入了100%的努力，也只会是徒劳的，更不用说你只付出了80%~90%的努力了，那就顶多能得到20%~30%的回报。继续这样下去，你就会变得意志消沉、失去斗志。

当处于"平运期"时，你付出多少，就会得到多少；投入100%，就会得到100%；种瓜得瓜，种豆得豆。这时的你，不会不满，也不会贪心。此时的运气运转，最为稳定。当处于"吉运期"时，你会得到比实际付出大得多的成果，就像站在扶手电梯上一样，你迈出的两三步，就相当于别人的五六步。你投入了100%，却会收获500%乃至1000%的硕果。

有人回顾从前时会说："那时的我，真可谓是顺风顺水、事事顺利啊。"这是因为他们乘上了好运的缘故。

如果你还没有过这种经验，那也是一件好事，说明你还有随时逆转的可能性。因为老天是公平的，运气会给所有人提供平等的机会。

曾经我们总说："一生之中，存在着三次机会。"这句话，现在也该变变了。时代变了，人们的寿命也延长了，现在的60岁，早就不能看成是人生的结束了。生活速度在加快，世界在日新月异地改变，随着经济的发展，人们的购买力也大大地超过了从前。这个世界，随时都存在着扭转人生的可能性。在实现人生的逆转方面，完全没有次数和年龄的限制。

没有自始至终的倒霉人生。不幸的尽头，总归会是幸运。就像西方人说的："一切都会过去的。"终止之前，不能算是真正的完结。那些能够实现人生大逆转的人，自始至终都没有放弃过对成功的希望。他们小心谨慎地为人处世，这并不是出于礼节，而是因为他们知道：盖棺之前，不能定论。

## 08 把幸运熬出来

**心**理学家斯金纳因斯金纳箱实验而闻名天下,他的实验是这样的:先在箱子里放入了一个装置,每隔15秒,它就会自动地提供少量食物。然后,把8只饥肠辘辘的鸽子放入箱子。

没过多久,其中的6只鸽子开始表现出异常行为,这是他以前从未见过的。一只鸽子按照逆时针的方向旋转;另一只不停地沿着盒子的一边往上顶;还有的鸽子,不是在摇头晃脑,就是在来回地摆动身体,或是在不停地啄食地面。每当吃过一次食物之后,它们就开始重复这些行为。

然后,斯金纳把投放食物的间隔时间延长为1分钟。这一次,鸽子们开始重复类似跳舞的动作。这些动作,是鸽子们在召唤食物时的表现方式。

每个人在经历了许多幸与不幸之后,都会形成自己独特的行为模式,来召唤幸运和阻挡不幸。运动员们大都有一些特别的习惯，比如在大赛前夕不刮胡子、不洗头等。

当然，并不是只有运动员才如此。有一位律师，每当有重大庭审时，他都会拿出那只使用了20年之久的旧皮包；有些大企业的总经理在接见VIP客户时，都有不带手表的习惯；一般考试那天，韩国人不喝海带汤；还有在特定的日子里不能搬家；等等。事实证明，这些习惯确实有它们的实际效果。

德国科隆大学曾做过一次实验，邀请人们来参加记忆力测试。测试开始前，研究人员对实验参加者说："因拍照需要，请把各自所珍藏的吉祥物都拿过来。"结果，参加者交出了结婚戒指、幸运石等五花八门的物品。

第一次测试结束之后，研究人员只向一半人归还了物品。他们对另一半参加者说："测试还没有结束，暂时不能把东西还给你们。"

其后，又进行了第二次记忆力测试，结果显示，那些拿回吉祥物的人表现得更为出色。研究组又进行了其他几项测试，结果又一次证明：那些携带着吉祥物的人表现得更自信，自我设定的目标也比那些被人收走吉祥物的人更高。

研究人员在最后的实验报告中写道："一般当泰格·伍兹穿红色T恤参加比赛时，冠军都非他莫属。吉祥物能够带给人们自信，进而引起行动的变化，带来积极的结果。"

## 厚着脸皮等待，幸运总会到来

选择与幸运之间，具有一定的关联性。

有时，你选择不剪指甲，就有通过考试的好运；有时，你穿着有洞的袜子出门，就会有被放鸽子的晦气。现实生活中，确实存在着这样的情况，但这也不是绝对的。绝对的是：在取得好结果之前，你要经历无数次的失败。越是幸运的人，经历过的失败也就越多，因为他们总是在不停地求新求变。因此，如果你想早点遇到幸运、早点成功的话，就需要进行更多的尝试，不能惧怕失败。

有时，你尝试了所有的可能，却还是找不到出路，就在想要放弃的时候，幸运却在不经意间、在不经意的地方突然出现了。重要的是，在幸运出现之前，千万不要失去信心。为了保持自信，甚至有必要让脸皮变厚一点儿。

有件事发生在三年前。在公司，Y陷入了尴尬的处境，因为他成了B部长的攻击对象。B部长是公司出了名的"攻击大师"。他最热衷于攻击某个人，致使其主动离开公司。他采用的基本手段是：开会的时候，把他的攻击目标整得像个傻瓜；和其他职员一起吃午饭，以便拉拢别人，孤立对手。

大家害怕成为B部长的眼中钉，都开始与Y保持距离。B部长手下的组长们，整日跟在B身后数落Y的不是，还与他一起密谋赶走Y的新计划。这样，Y就更加孤立无援了，这让他惆怅不已。同时，看到那些为了保住个人饭碗而疲惫不堪的同事们，更让他感到由衷的悲哀。

看着他们，他突然想到，自己曾经也跟他们一样。很多有着丰富阅历的组长，都是被这么赶出公司的。而他本人，当初也是颠颠儿地跟在B部长身后，合力围攻这些人的一分子。

现在，Y终于知道B部长要把那些前任组长们一一赶走的原因了：他想要通过铲除那些对自己有威胁的人，造成没有合适的人选来接任其部长职位的局面，以此来长期掌控公司的指挥权。

Y曾有过无数次辞职的冲动，但终归还是强忍住了。听了无数人的劝慰后，他下定决心："我要穿上金钟罩、铁布衫，坚持到底。"也就是说，他要厚着脸皮、面不改色地坚持待下去，即使到了公司破产，所有人各奔天涯的那一天，他也要做最后走出公司大门、最后收拾桌子的那个人。

终于，公司内部传来了消息，上级领导警告B部长："注意，不要让公司内部的小人使诈，让管理人员无故离开公司。"如果这条消息属实的话，那么，我们就可以把其理解为：上级领导早就已经掌握了情况，并开始注意B部长的不良行径了。

焦躁不安的B部长，使出了更为狠毒的计策，把Y推到了风口浪尖之上。他不仅吩咐Y去做一些荒谬的工作，还与其他组的工作人员变本加厉地排挤他。他们越是这样，Y就越是"厚脸皮"地坚持着。同时，他也感觉到了自己组员对自己的默默支持。每当B部长过来捣乱之后，就会有组员走过来悄悄地对Y说："组长，我是您这一边的。"

终于有一天，炼狱般的生活画上句号了。Y成功升为新任部长，而B部长在接到了"留待察看"的上级指示后，便自行提交了辞呈。

如果，Y因无法忍受B部长的欺压而主动离开公司的话，那以后还会有许多人在这里走向不幸的终结，公司在B这种人的兴风作浪之下也不会有好下场。但是，随着Y"厚脸皮"的坚持与忍耐，不幸终于被幸运所取代。终归，运气是不停运转着的。

几乎所有的幸运，都是在你厚着脸皮、苦苦等待之后才姗姗到来的。

用于智能手机屏幕的强化玻璃Gorilla，在研发出来50年之后才得以正式应用。这款产品，是美国玻璃制作企业康宁在1960年研发出来的。它的强度极大，即使用锤子锤打也很难破碎。康宁公司原本想将它用作飞机或火车的挡风玻璃，但因其强度过强，而无合适的用武之地。两年的时间里，康宁公司都在为这种强化玻璃苦苦寻找买家，终归还是没能卖出去，只得把它丢进仓库里。

2007年，有一家手机公司要求订购一种耐击打又显示清晰的玻璃，这才使得一直被搁置在仓库中的Gorilla得见天日。康宁公司利用最新技术，为那家订购公司生产出了更薄、更耐摔的产品。最新上市的智能手机和平板电脑等，使用的也都是这种强化玻璃。

3M公司的记事贴刚刚上市时，销售业绩也不好。那些经营办公用品的零售商，一开始都很不看好这种记事贴。就这样，它被反复地从仓库拿出来又送进去。最后，3M公司决定先让各个公司的秘书们试用一下。于是，3M以其公司董事长秘书的名义，把记事贴发给了500家大公司的董事长秘书，让其免费试用。转折点，就是从这里开始的。但是，为了这一天，3M公司整整花费了12年。

有时，幸运就是不期而遇的。而这些幸运，属于那些失败之后走投无路，却依然能够充满自信、厚着脸皮等待的人。他们认为自己的失败只是一时的特殊情况，这种想法充满思辨和灵活性。在经历数次的失败之后，他们终会品尝到幸运的滋味。

而那些不自信的人，会把自己的失败认为是一种持续不断的状态，并一直苦苦纠结于如何摆脱失败。其实，失败之后，还有新的出路，但他们还是一意孤行，偏执于失败之中不断地折磨自己。他们只顾寻找摆脱失败的方法，即使幸运前来敲门，也会被他们赶走。

总之，能够唤来幸运的，并不是吉祥物、某种特定的行为习惯，或一次次的失败等。

真正能唤来幸运的，是"等待"。

能够遇见幸运的人，都是一边做着自己力所能及的事，一边还厚着脸皮、不卑不亢地等待的人，他们会一直等到幸运到来的那一刻。

这与霍皮族（居住在亚利桑那沙漠的印第安人）祈雨的方式，是同样的道理。大旱之时，霍皮族就会祭天求雨。神奇的是，老天真的会为他们降雨，每次，他们都能如愿以偿。原因很简单，霍皮族会一直坚持祭祀，直到老天降雨的那一天为止。

# 09 管理幸运

尔顿酒店的创立者——康拉德·希尔顿于1919年，也就是他参加第一次世界大战回来之后，在得克萨斯州的一个小镇买下了一家小酒店，以此迈出了他成功的第一步。当时的得克萨斯州，正在掀起一股石油开发的热潮。买下小酒店以后，他事必躬亲，连地板都要亲自来拖。

十年之后，美国的经济危机强势袭来，大衰退席卷了全美国，85%的酒店倾于一旦。而希尔顿，却在其中抓住了幸运之机。他用低廉的价钱买来那些倒闭的旅店，从此开启了他的"酒店业大王"之路。

出席某个活动时，有人问他："您成功的秘诀是什么？"他回答说："成功的秘诀只有一个，那就是：要把浴帘搁在浴池的里面。"

大家都以为他是在说笑话，笑声四起。但了解希尔顿的人都知道，这并不是一句玩笑话。

美国的宾馆，与其他国家有所不同，浴缸外面没有排水口。如果把浴帘放到浴缸外面，就会因地面没有排水口而把浴室变成一片汪洋。

对手下的员工，希尔顿会反复强调"浴帘"的重要性。

能够延续成功的人，都善于管理幸运。他们十分谦逊，从不忘记成功始于幸运的事实。但在谦逊之外，他们也害怕幸运就像它的突然降临一样，也会在某一天突然消失。所以在对幸运的管理上，他们会格外小心翼翼。

管理幸运，最基本的是你需要承认失误和失败会随时到来。树立了这种基本的心态，可以防止你精神受到意外的打击而崩溃。

经营宾馆时，任何糟糕的事情都有可能发生，比如：浴室被水淹成汪洋、燃气泄露，或是房门出故障等。

而康拉德·希尔顿把"浴帘"看成是管理幸运的关键词，通过对细节无微不至的管理，把不幸发生的概率降到最低。这就是他的经营心得。

如果幸运真的想离你而去，那你是没有任何办法阻挡的，但通过对细节的管理，可以适当防止不幸的发生。从一个人的运气上面，多少能看出这个人的心智。

很多成功，都是由意外和幸运引起的。退休金的发放——这个最具有代表性的福利制度的诞生，也是一个偶然。德国的威廉皇帝，想赶走身边的反对派，但因没有名正言顺的理由而大伤脑筋。

有一天，在查看这些人的名单时，威廉突然发现：这些反对派全部都是65岁以上的老年人。于是，他立即颁布了一条法令——宣布65岁为正式退休年龄。威廉皇帝想，这些人很有可能会强烈反对，于是，也没忘记给他们点"糖"吃。他给他们的"糖"，就是退休金。他以给这些老人发放退休金的方式，让他们安享晚年，这样才顺利说服了他们下台。

就是这么一个偶然的开始，让"65岁退休"和"退休金"成为了今天很多国家的通行法则。

## 只有把偶然系统化，才可以保持成功

现在的电脑键盘，是按"ＱＷＥＲＴＹ"的顺序排列的（如果不明白是什么意思，请看一下自己的键盘）。事实上，这种排列是非常不合理的。当初发明打字机时，如此排序也是出于无奈。

早期的打字机，当打字速度过快时就会出现乱码。1868年，美国发明家克里斯托弗·肖尔斯，把那些使用频率较高的字母拆开排列，重新调整了打字键盘，并以此获得了专利。这就是"ＱＷＥＲＴＹ"这个排列顺序的由来。美国雷明顿公司利用此专利技术，成为了世界最大的打字机生产公司。

1930年，奥古斯特·德沃夏克设计出更为方便快捷的"德沃夏克键盘"，但是没有任何人选择使用他的键盘。这是因为，人们已经能够熟练使用按照"ＱＷＥＲＴＹ"排列的键盘了，不想再去适应新的打字方式了。

就业难的时候，有些人会凭借好运找到工作，而后又因工作中频繁出现的失误，而与幸运挥手说了再见。

还有一些人，却会因工作中的失误而屡获好评，因为在失误中，他们创造出了属于自己的"系统"。P就是其中的一个例子。

P是刚刚入职一年的新人，她总是因自己草率的性格而频繁出错。在与前辈们交流之后，P创造出了个人的"失误管理系统"。

首先，工作中出现失误以后，她会立即报告领导。刚开始有几次，她因胆怯而没有及时报告，使得事态变得更为严重，上司愤怒不已，造成的恶劣影响也会持续很久。后来，她开始奉行"立即报告"的处事原则，把失误"一五一十"地报告给领导，对自己所犯的错误，她从不加以掩盖。

领导下发的指示，她会立即执行。对于给顾客或前辈们造成的损失，她也会真诚地向他们致歉，即使这里面存在着误会，她也从不找理由给自己辩解。前辈们很欣赏P这种诚恳的态度，因此，每次她闯祸以后，他们都会合力出手相助。在前辈们的慷慨援助之下，事情总是快速而顺利地被解决掉。

事情圆满解决之后，她也会向那些因自己的失误而蒙受损失的顾客和前辈们、那些倾情帮助过自己的朋友，再次致以真诚的歉意与感谢。这时的大家，已然怒火全消，他们会欣然地接受她的道歉，并给她一个懂礼貌的好评价。通过实践"失误管理系统"，P学到了转化危机的智慧。这个管理系统，能够帮助她未雨绸缪，防止再犯相同的错误。

通过对偶然或幸运而获得的成功不断进行思考，经验积累下来，你就能发现其中具有普遍性的规则和系统。直观的创造性行为，通过理性的分析思考，也能转变为普遍适用的规则。如果能熟练地掌握这些规则，你就会达到支配成功的阶段。

那些能够保持成功的人，会不断地改善自己的"幸运管理系统"。如同我们之前所说的"朝令夕改"一样，他们会快速地投入某事，也会快速地抽身而出，他们从不停留在原地，而总是处于不断变化之中。因为他们深知，过于贪图安逸，会让幸运变为不幸。

# 10 粗浅不足的品格

几年前的一个早晨,美国人读完晨报后都吓了一大跳,因为登载在头版上那张照片上,几位赤裸裸的男子挂在起重机上,身后的背景是纽约时代广场。其中一位是理查德·布兰森——维珍集团的创始人。他和照片中的其他男子一样,光着身子赤裸裸地挂在那里,只用手机挡住其要害部位。维珍集团是世界上屈指可数的大公司之一,旗下拥有5万多名员工和维珍航空等200多家子公司。

理查德·布兰森的这场裸体秀,是一个非常巧妙的策略。利用此项策略,他没花一分钱,就成功地登上了全美几乎所有报纸的头版头条,摄影记者们蜂拥而上,争相拍摄他的裸体秀。

就这样,布兰森为维珍手机展开了声势浩大的宣传。他旁边的几位男子,是音乐剧《脱衣舞男》中的演员们。《脱衣舞男》讲的是那些是失去工作的男人们通过跳脱衣舞而重获自信的故事。

布兰森让那几位男演员用手机挡住各自的要害部位，借此来打出维珍手机的宣传口号：没有什么可掩盖的。借《脱衣舞男》来宣传，对于布兰森与那些男演员们来说，是个绝佳的双赢选择。那么，是什么推动这位曾受英国女王封爵的世界级公司总裁做出如此的荒唐之举呢？

当然，原因之一是他想节省点广告费。为了节省广告费，他产生过各种奇思异想，比如：坐在印着硕大的维珍集团logo的热气球上旅行一圈，或是坠落大海再被直升机救起等。这样做，肯定能帮助他登上报纸头版头条。也许，他还可以通过这种方式而成为一名明星。但是，他有着比成为明星"更远大的目标"，那就是——向大家展示他的生活态度。就是说，他想带给人们一种略显"粗浅①""不足"，但却能使人心生愉悦的感觉。

能在职场上遇到好领导，是件再幸运不过的事了。大部分人都认为，先要有个好领导，才能开始谈论升职和加薪。因为，没能遇到好领导的不幸，简直可以说是等同于厄运和灾殃。

领导可分为好多种。平庸的领导，会把手下职员当做达成个人目标的手段，他会不停地给员工分配任务来折腾他们。稍好一点儿的领导，顶多给按时完工的员工一点儿奖励，以免他们没有工作热情；而优秀的领导，会经常与员工谈话。他会引导员工思考自己五年或十年后的样子，询问员工有什么需要帮助。也就是说，他会把员工看成是一起共事的伙伴，而不是单纯的下级。

仔细观察那些能够给后辈提供幸运机会的领导，你会意外地发现，他们看起来都没有那么犀利，你甚至会看到他们的很多不足之处，还会让你有帮他一把的想法。他们总是能用开朗的性格和丰富的幽默感，给团队增

---

① 此处的"粗浅"并非贬义，而是指一种放松的状态。——译者注

添活力，他们就是那种能够召唤来幸运的人。

事实上，他们只是把自己犀利的眼神藏起来了而已。他们敏锐的感知力，只会短暂地出现在决定胜负的那一刻，而后又会马上消失。接着，他们就又变回了那副略显"粗浅"、幽默搞笑的样子。

有人把优秀的领导能力比喻为"腰带"。如果腰带系得正好，那你是感觉不到它的存在的。而最佳的领导，总是让你意识不到他在领导你。正因如此，才得以让那些优秀的员工聚于他们手下。

## 混迹于人的智慧

"率先垂范"有两种方式，一种，是像布兰森那样，带头走在大家前面；还有一种，是拒绝特别待遇，选择混迹于人群之中。

几年前，在一个金融公司的活动现场，担任主持的职员看见总经理走进来，便对大家说："诸位，总经理来了，请大家热烈鼓掌欢迎。"而总经理却很不高兴。活动结束后，总经理把那个职员叫到身边，对他说："我进来的时候不要当回事，别再让大家起立给我鼓掌了，知道了吗？"

在几个月后举行的另一项活动上，还是那个职员担任主持，可他早就把总经理上次的嘱咐忘到了脑后。"总经理到了，请大家起立，掌声欢迎。"这一次，总经理大发雷霆。"以后要是再这样，我就把你辞退。"从此之后，公司举行活动或开会时，再也没有人关注总经理是否在场，而这家金融公司的业绩，却总是连年提升。

对于自己百战百胜的秘诀，拿破仑给出了这样的解释："战术，不是什么复杂的东西。战术越简单越好，只要懂些基本的常识就行。如果将军们出现了重大失误，那都是因为他们太想表现自己的缘故。"

"知"和"行"是不一样的，有时知道得过多反而会出错。我们阅读各种各样的管理书籍，接受高等教育，参加研讨会。可是，这样而来的知（所学）会让我们误认为，自己的行（成果）都应该受到这些知的指导。

我们总是想让自己显得很有学问。很容易的问题，非得包装成从来没有人能破解似的那么复杂。我们以为只有让人费解，才能显示出自己的才学。

然而，越是想向他人展示自己的完美一面，就会离大家越来越远。之所以别人愿意接近我们，就是因为他们认为，我们同他们是一样的，也有很多的缺点和不足，都是一样的粗浅。远离幸运的人，都是锐利、深刻而又忧郁的人。相反，那些好运相随的人，都是看起来略显粗浅，能够与他人很好地融合在一起，并能够创造出舒适气氛的人。

这种肉眼看不见的差异，就是"气品"。气品，指一个人的气派和品格，即一个人的人格表现。气，是活动的力量；品，是一个人的人格。

那些喜欢在别人面前表现自我、忧郁且深沉的人，虽然不知道他们有没有气，但品肯定是没有的，因为无法得到他人的认可，所以只能用"气"（即拼命努力）来达成个人目标。

而有些人，就不喜欢与他人搞对立，这在那些喜欢表现自我的人看来，多少有些不可理解。但仔细观察，你就会发现，他们不仅能够出色地完成自己的事情，而且从来也不会卷入与他人的争斗之中。也就是说，他们活得极其舒服、坦然。这种人，一般都是好运相随的人。

同时具备气与品的人，会在与他人的和谐相处之中，乘着幸运的流转，轻松愉快地取得成功。那些只懂得使用气的人，把这些看在眼里，会觉得自己万分冤屈。而品，即人格，是就是唤来幸运的秘密武器。

那些从不伪装自己、自然处事的人们，遇见幸运的概率会更高。因为，幸运，特别是那些珍贵的小幸运，大部分都暗藏在人际关系之中，只有与他人舒适地融合在一起，你才会解开幸运锦囊。

## 11 相互帮助才能延续幸运

日常生活中,"气运"这个词我们经常使用,它蕴涵着深刻的东方哲学的思想精髓。"气"是活动的力量,"运"是时机和流向,两者常放在一起使用。气离开了运,就无法正常活动。同样,运离开了气,就会失去流动的力量。我们可以把气看成是"实力",把运看成是"状态"。只有气和运完美相融时,才能形成真正的力量。

可即使你有再大的气运,也不可能独自一人攀登上珠穆朗玛峰。所有巨大的成功,都是由一个个小幸运集合在一起的。幸运,是由许多人合力创造出来的。成功登上喜马拉雅山的人,他们的成功,也是一个个小幸运汇聚成的。这里面,有夏尔巴人、探险营地、装备公司、赞助商等来自四面八方的帮助。当然,还有来自登山人员家人的支持。

横内佑一郎原本在家种地,后来突然决定要自己创业。他没有任何计划,单单看到小孩们在学小提琴后,就决定"先开个公司再说"。于是,他亲自去拜访了弦乐器专家,从那里学来了小提琴的制作方法。而后,他发现吉他卖得更火,便又把目光转向了吉他。在此以后,他的运气一直不太好。但每当不幸降临,他都能从不幸之中找到发展自我的机会。

1000把音准不对的吉他卖掉以后,又全部被退了回来,公司濒临破产的边缘。于是,横内佑一郎找来一位音乐大学教授,他花费了半个月的时间,跟从教授学会了区分音准的方法。这位教授没有向他索要任何报酬。

为了出售自己的吉他,他只身去了纽约。没有乐器商愿意与这位不懂英语的外国人交流。后来,他变得身无分文,境况极为窘迫,甚至还产生了轻生的念头。这时,有位老绅士向他伸出了援助之手,教给了他一些实用英语,使得他可以亲自与乐器商沟通。这位老绅士也没有要他一分钱。

合伙人在业务上的过度扩张,使他身负巨债。但金融界人士出于对他的信任,给了他格外的关照,提供给他能够自由使用的资金。他们不希望看到横内佑一郎的公司破产。

还有,工厂里发生的那场大火,也让横内佑一郎蒙受了巨大损失。这时,有人鼓动他"向保险公司提交假申报",还让他夸大申报损失金额,横内佑一郎却拒绝这样做。但保险公司的一位职员,却给了比他预想得多的赔偿金。这位职员说:"希望你们可以成为世界顶级的吉他公司。"

横内佑一郎创立的公司,就是富士弦(Fujigen),现今世界第一的吉他制造商,世界上30%以上的吉他都产自这里,旗下品牌有Ibanez、Stratocaster、Greco等。富士弦公司还利用制作吉他时积累下来的木材,创立了家用木地板、高级室内装修等业务。

横内佑一郎在其自传中写道:"我经过了无数逆境,才走到了今天,其间,我得到了许多好心人的帮助。为什么每次遇到危机时,总会有人出手相助呢?为什么我的运气总是这么好呢?我总是在这么问自己。终于,我得出了一个结论：也许，是我把小时候妈妈的叮嘱都付诸实践了吧——力所不及的时候，就请求别人的帮助。"

## 托别人的福

有的不幸，起因于过度贪心和贪心导致的愚蠢行动。这种不幸的传染性极强，它带来的绝望感也会让周边人深受影响。

当你感到自己正身处不幸时，你应该去找那些有好运的人，并寻求他们的帮助。运气好的人，周围也一定有其他运气好的人，他们四周有"看不见的幸运防御网"阻挡不幸的入侵，可以让你"托上他们的福"。运气好的人总是聚集在一起，就像精英周围全是精英、赌鬼周围全是赌鬼一样。

不过，即使你就在这些运气好的人身旁，也不一定就能趋福避祸。你只是会"托点他们的福"。托别人的福，就好似在别人家的屋檐下躲雨，不会有什么本质上的变化。但即使是这样，你还是应该感谢他们的帮助。

回想从前，我们也曾有过在困难时期，托某人的福分而获得力量，然后越过困难，重新乘上新的幸运流转的经历。在运气好的人身边，如果你仔细观察他们，便会学到很多东西。他们能很好地与他人融合在一起。在与他人的相处中，他们会发挥自己的感觉，并及时抓住和管理好运。

在职场上，他们总会因工作出色而受到表扬。在敏锐的感知力的指引下，他们知道何时应该做什么。他们能神奇地知道客户的所思所想，知道应该何时打电话过去问询、应该怎样应对索赔要求、应该怎样与其他部门协调棘手问题、应该怎样处理好与领导的关系等可以创造幸运的方法。这些，都是只可意会不可言传的东西，你只能靠感觉来感知其中的秘诀。

没有人从出生起，就拥有非凡的感知力和好运。那些感觉和运气好的人，只是在重新发现自我的过程中，积累了很多经验，并把这些经验付诸了实践而已。

他们的秘诀，实际上是在于管理。他们会经常观察周围，就像当初发现幸运时一样，这就是管理。主意再多，要是不进行适当管理（不记录）的话，你便会忘掉。运气好的人，总是会对这些细节认真管理，慢慢地，这些小事物就会变成一个个的机会。

在这种人身边，你确实可以托点他们的福。在他们的帮助下，你的效率和业绩会得到提高，学习和成长的机会也会增多。当真正与这些人接触的时候，也许你会嫉妒他们。可是，嫉妒就意味着你已经承认了自己的失败。因为，你嫉妒的对象，肯定是你认为比你出色的人。

不过，嫉妒，是一种否定感。如果总是在心里抱有这种否定感，你就无法妥善处理人际关系，还会经常流露出愤怒之情，这会让周围的人很不舒服。于是，你就会越来越托不到别人的福，幸运也会离你越来越远。

懂得唤来幸运的人，是在对手成功之时，会给予祝贺的人。他们也是常人，也很难摆脱嫉妒的诱惑，但是，他们会克制自己的嫉妒心，给对手送去祝福，并把心中的否定感也一同摒弃掉。对别人的成功，如果你能经常给予祝贺与肯定的话，那你心中的否定感就会消失，并且还能帮助你遇见幸运。

成功的公司都会培养起互助的企业文化。遇到麻烦的职员，会托其他同事的福分渡过难关，而后，他们给予那些同事真心的感谢。那些业绩突出的职员，总是把自己的成功看成是大家的成功。

获奖感言上，总少不了这句话——托他人的福。其实，他们在给自己"预订"下一次的幸运。因为他们知道，如果认为成功是靠自己取得的而骄傲自满的话，那么，幸运就会瞬间变为不幸。

成功公司的企业文化是不断地提醒职员："你现在所享受到的幸运，正是因为'托其他同事福分'的缘故。你的成功，是所有同事共同努力的结果。你想要得到什么，就要先为同事与客户付出什么。"

## 12 幸运的卡桑德拉

**安**迪·格鲁夫、罗伯特·诺伊斯与戈登·摩尔三人在1968年共同创立了英特尔。公司成立后，一直保持着高速增长，但从1980年起却开始走下坡路了。这是因为日本半导体企业开始涌入美国市场，以低价出售存储器的缘故。最终，到了1984年，日本公司在市场占有率上超过了英特尔公司。

包括英特尔在内的美国半导体公司，怀疑这里面一定"存在着某些黑幕"，日本公司一定是采取了倾销策略。后来，格鲁夫成立了一个决策小组，并专门任命了几个人扮演"有益的卡桑德拉[①]"的角色。

---

[①] 卡桑德拉：希腊神话中有一位公主名叫卡桑德拉。她有着出色的预言能力，但她曾经遭受诅咒，诅咒使她的预言无人相信，反而得到嘲笑和讥讽。——译者注

一部分人主张应该立即出手对付日本企业的倾销，但卡桑德拉们提出了不同的主张。他们认为日本企业并没有向美国倾销，日本储存器生产企业生产出来的产品质量完好，几乎没有废品，在生产率与生产成本上，美国企业根本无法与之竞争。这完全是一种正常竞争的结果。

于是，公司内部出现了激烈的争论，大部分人主张要站出来反对日本企业的倾销，以保护自己的储存器市场。而那些卡桑德拉，却持反对意见，表示现在与日本企业对抗是毫无意义的，应该把主要精力转移到其他业务上。

卡桑德拉只占了少数，多数人还是认为，还没有和日本企业一较高下就直接放弃，是一种完全意义上的失败，非常伤自尊。

卡桑德拉们强烈要求把公司的主打商品由存储用半导体改为微处理器。英特尔公司刚开始研发微处理器的时候，完全没有料想到，有一天它们会用于个人电脑上。

## 全体一致是最大的危险

格鲁夫听从了这一建议，决定退出存储器市场。

最终，日本企业完全占领了存储用半导体市场，而英特尔公司的生产重心转移到了非储存器——微处理器市场上。借此，英特尔成功地成为世界最大的半导体制造厂商。最初的不幸，反而变成了幸运的契机。

斯坦福大学商务战略大师罗伯特·伯格曼教授，把英特尔的成功解析为："一开始，他们也没有明确的计划。他们的成功，得益于幸运。"连英特尔公司自己也没有想到，微处理器会变成后来的黄金市场。

如果没有卡桑德拉们的不同声音,那么,英特尔公司不仅不会成为今天的英特尔,恐怕根本就熬不到现在,早就被日本企业挤压破产了。

懂得管理并维持幸运的人,都具有"和而不同"的智慧。和而不同的含义是:懂得与大家和睦相处,但却不失个人的处事原则。

每个人的世界千差万别,人们之间的差异也由此而来。有些人喜欢新鲜事物,乐于挑战;而有些人,则更喜欢安于现状。于是,这两个方阵,会变成冤家对头。这也是公司部门之间产生摩擦与纠葛的原因之一。即使可以把两方的意见中和起来,但也很难抹去本质上的差异。因为,每个人都有"各自坚定的立场"。但是,这种相互间的牵制,却能使公司得到长足发展。

成功人士普遍认为:"全体一致"最为危险。全体一致,会带来过度的自信,还会带来荒唐的挑战与失败。

美国南北战争就是个典型的例子。双方都认为自己会赢过对方。们还宣布,不久后战争就会结束,然后参战的年轻人就可以回家。四年过去了,死伤无数,但他们却还在各自宣扬着"战争很快就会结束"的论调。

通用汽车总裁阿尔弗雷德·斯隆说:"在全体一致的情况下,计划就要推迟施行。"全体一致,是因为很多职员没有自己的见解,想"糊弄过去",所以管理者就会说:"再观察观察。"

1993年,路易斯·郭士纳担任IBM公司总裁之时,IBM的经营环境虽是最差的,但职员间的气氛却是最好的。回顾当时的气氛时,郭士纳表示"非常惬意"。后来,公司内部间的争论越来越少,反而致使IBM面临了危机。

全体一致的情况,是丧失个人固有意志的表现。最终,由这些人构成的组织,也会丧失其发展的动力,消失于茫茫大海之中。

## 宽容的美德

人们之所以会彼此间感觉到魅力与好奇,是因为人和人看起来相似,但实质上是截然不同的。双方存在差异,不一定就代表某一方有错误。正是因为我们彼此之间有差异,这个世界才是如此多样,才能不断有新事物涌现。

《罗马人的故事》一书的作者盐野七生曾经说过:"古罗马人,智力不及希腊人,体力不及凯尔特人,经济不及迦太基人,但还是建立了一个庞大、经久不衰的帝国,他们的秘诀是'宽容的美德'。"意见的相左,导致了希腊的衰亡。但对于有宽容之心的罗马人来说,意见的差异,却成了他们智慧的源泉。

经济学家、畅销书作家、华尔街投资奇才彼得·伯恩斯坦说过:"我欣赏与我持不同意见的人。读我的文章、同意我的意见很容易做到,但那都只是在浪费时间。"在一段时间里,我们会不喜欢某个人,因为"他与我不一样"。但如果仔细想想,你会发现这样做毫无意义。"他的确与我不太一样。我不熟悉的东西,他却非常熟悉;我不感兴趣的事物,他却非常感兴趣;我对自己不喜欢的那些东西一无所知,就像傻瓜一样,而他却因对这些事物的仔细观察而学到了渊博的知识。""事实上,正是因为他们的存在,映照出我的不足,我才得以成长。我要用宽大的包容之心,承认并接纳他们,以使自身得到发展。"当我们只关注自己感兴趣的,而错过了那些真正重要的事物时,当我们因无端的自信而判断失误、撒下不幸的种子时,当我们傲慢地被"全体一致"诱惑时,是他们给我们展现了另一种真相,是他们站了出来,向我们伸出援助之手。

遇到不幸之时,我们会"托他们的福",就像英特尔公司的卡桑德拉们最终唤来了幸运一样。其实，那些与你不一样的人，同样是你的幸运天使。当不幸汹涌来袭时，他们会给你一处躲避不幸的港湾。

那些发现幸运的人们，懂得承认、理解彼此之间的差异，并努力地与对方进行沟通。考虑对方的意见，是他们的基本习惯。不管彼此之间有多么不同，他们都不想排斥对方，反而会主动向对方伸出欢迎之手，努力地尝试从差异中创造出新价值。因此，当幸运一点点变大时，你就会明白：虽然彼此不同，但正是在这不同之中，你们才一起创造出了宝贵的生活意义。

## Part 4

# 幸运相随的人，追随幸运的人

一滴的智慧，比一桶的幸运更有价值。
——罗马谚语

## 01 扩大自己的"碗"

**某**位公司职员,工作还不到一年就递交了辞呈。部长让科长给其做一下工作,于是,科长把这名职员叫到了会议室。

"工作很辛苦吧?刚开始都是这样的,我刚开始也是这样。再过上几年,就会变好了。"这位职员听了这番话,用惊奇的眼神看着科长。

"事实上,我担心的就是这个。我就怕几年后,我也变成科长您这样。我不想变成现在的您。"于是,科长也向部长递交了辞呈。

"怎么回事?我让你做的说服工作都还没做好……"

"部长,我害怕再过上几年,我也变成您这样。"

没遇到好上司,可以说是一生中的大不幸。有时,上司的干预会让事情变得像灶王糖一样扯不断、理还乱。要是上司为了显示个人威信"摆谱",会让这个部门与其他部门之间产生巨大的分歧。有时候,一个不好的上司，会让整个部门都跟着遭殃。最差的上司，是"碗[1]"极小的人。

碗小了，就听不进去别人的意见。管理者的基本素质，就是要广泛地听取各方面的意见，以疏通好上下关系。但如果肚量过小的话，就无法接受太多意见。碗小的人，内涵也会很缺乏。除了会用高尔夫来接待客户以外，其他什么都不懂，只靠着经验与技巧来应付工作。这种人，也许一年都不看一本书，他们知道的，都是15年前、20年前的过时内容。不过，碗小的人倒是善于关照自己。比起工作，他们更对个人的地位与公司内部的政治关心。但碗小，容量就小，装不了太多的东西，这会让他们错过很多机会。

2000年，阿兰·乔治·雷富礼开始担任宝洁公司的CEO。当时，股票市场正陷入了一场大震荡，投资者纷纷卖掉了手中的股票，使股价连日下跌。虽然宝洁迎来了新的CEO，但要想在短期内改变经营不景气的现状，看起来仍然是件不可能的任务。

然而，雷富礼的表现让股东们刮目相看。上任不久，他就采取了一些出人意料的举措。面对宝洁公司的8000多名研发人员，他用不容置疑的口气宣布："各位，既然现在你们没能迅速地创造出划时代的新产品，所以我决定推行新方案——引进外部技术。十年之后，我要让外部技术在公司的产品应用中占到50%的比重。"这就是C&D（协力开发，Connect & Develop）的一个典型实例，即，一种结合内外部技术来开发新产品的方式。

## 碗越大，装下的幸运越大

对于此项建议，研究人员们强烈地表示反对，他们警告说，如果这么

---

[1] 此处的"碗"，指气量、内涵、本领等素质与技能。——译者注

下去，公司的技术基础就会逐渐丧失。然而，雷富礼却用隐退的科学家和工程师们组建了一个研发团队，并向他们保证："如果方案得到通过，就会给大家发奖金。"

电动牙刷，是宝洁引进外部技术的开端。当时，公司正好有研发电动牙刷的想法，但却因为没有电子产品的生产经验而迟迟未能落实。当时，正好有个发明家发明了一种SPIN POP的技术，即把棒棒糖放进机器里，按下按钮后糖果就会自动转动的技术。宝洁立马买进了这项技术，把它应用于电动牙刷上，这款产品推出后，取得了巨大的成功。

从这个幸运里，雷富礼得到了启发，他怀疑：宝洁公司的停滞不前，正是因为此前过于依赖内部技术的心理，即NIH综合征[①]。因此，他再次对研发人员强调，要加强外部技术的应用。此后，公司原来的研发人员开始主动地向C&D靠拢，并主动地从其他领域的专家那里学习新知识和新技术。

餐饮部门的成效极为显著。有人提议说："要是在炸薯片上作画，兴许能热卖。"研究人员采纳了这个创意，并开始进行研发。可是，刚出炉的炸薯片潮气极大，要想在上面作画非常困难。他们在世界各个角落进行搜索，终于发现意大利博洛尼亚的一家小面包店里拥有此种技术，于是，他们共同合作开发了一种名叫Pringles Prints（品客印品）的新产品。这让餐饮部门的销售业绩增长了两位数。

渐渐地，研发人员开始意识到，能够把内外部技术很好地结合起来，也是值得骄傲的事情。因为通过合作，可以使他们的碗变得更大。

宝洁公司经过这场开放性的变革之后，终于实现了完美的变身。2005年以后，它的新产品上市成功率，足足达到了80%。而一般公司的新产品

---

[①] NIH综合征：即Not Invented Here Syndrome，非我发明综合征。这是一种对于不是由内部提出或者不能在内部执行的事物持排斥或憎恶态度的心理。——译者注

的上市成功率仅有30%，还不到宝洁的二分之一。

当今这个时代，需要全方位的人才，既需要专家、多面手（通晓数门知识者），也需要人类学家。我们正生活在这样一个聚合时代。

聚合，指的是将多种技术与性能结合在一起。21世纪初期，聚合还只是技术与技术或产品与产品的结合；但到了21世纪末，聚合则意味着市场与产业、文化等的全方位结合。聚合时代的人才，是能够融合多种知识创造出全新事物的创意性人才。

如何培养出这种人才呢？3M公司提供了一个不错的选择——15%原则。15%原则的内容是，员工可以拿出自己15%的工作时间，用于个人兴趣爱好上。3M公司强调，如果每天都在重复相同的东西，那你的小碗永远也大不起来。要做一些其他的事情来扩大自己的碗，变成创意性人才。扔掉旧碗，创造出新的、更大的碗之后，才能装下新的、更大的幸运。

有些职场前辈，拿自己的小碗像神像一样供奉着，只知道拼命地往里塞好东西。而那些令人尊敬的前辈，即使手里捧着的碗再大也会将其丢弃掉，然后不断地创造出新的碗，他们会把碗越做越大。而那些抓住小碗不放的人，只顾着往自己的小碗里装东西，却完全意识不到，自己的碗变大了才能装更多的东西进去。

学习新知识的过程，就是不断打磨你的碗的过程。在创造新碗的过程中，你会享受到持续不断的变化与创新。碗变大了，更多人的想法就能放进去，你就能通过采纳别人的建议而减少损失。别人也会因此感谢、信赖与尊敬你。坚持下去，你就能变成符合聚合时代需要的人才。

如果碗太小，那你的幸运也会从中溢出来，让你连保护幸运的能力都没有。而相反，那些天天创造大碗的人，是为幸运准备好空间的人。不管幸运何时到来，他们都能将其装入自己的"碗"中。在不断的变化与革新之中，他们的生活每天都是新鲜的。

## 02 让反对者加入你的幸运之旅

一个人越成功,他的业务、职责、人际关系网就越大,结交的朋友就越多。科长接触的人,肯定不如董事长接触的人多,不论是接触的客户还是合作公司,董事长的人际关系网要比科长大上好几倍。

越成功的人,也必然需要经受更大的风险。这是因为,他的关系网过于庞大,如果其中有人捣鬼,他也完全无法猜到是谁,谁都有可能变成暗礁。因此,最可怕的敌人是那些反对你的同事。在你急需改变的时候,他们却站出来反对,阻挡你出发。只要做出改变,你就能赶上幸运的列车,可偏偏他们从中作梗。

当然,他们也有自己的立场。你应该仔细思考一下,他们会不会是"有益的卡桑德拉"。如果他们反对你,不是为了维护个人既得利益,那么,你就要努力说服他们与你一同加入到改变的队列中去。

积极地看待周围的人是一件好事，但也不可对此过于迷信。因为，这世上的人并不都是善良和诚实的。我们工作的地方并不是庭园，它也有可能是丛林。有时，你的周围会暗藏着"野兽"，他们寻找着你的把柄，对你虎视眈眈，甚至还会扑上来咬住你。还有时候，会有人拿着锤子从背后袭击你。

有时，过于鲁莽、轻率而得来的成功，会向我们反击并摧垮我们的幸福。你会被数不清的利害关系所拖累，然后陷入身心耗竭综合征（Burnout Syndrome）。它会让你的生活重心发生改变，让你与家人渐渐疏离，到最后，你连工作的目的是什么都不知道了。在向目标前进的过程中，如果你的性格越来越孤僻，还总是担惊受怕，那么，你需要想一下：自己是否患上了身心耗竭综合征。

任何一个组织，都是既有欣然接受改变的人，也有消极抵制改变的人。有时，反对的声音会更强烈。

有过给组织带来幸运经验的人们，是不会直接站出来同那些反对者对抗的，而是会采取迂回战术。比如，他们会给大家介绍一些前所未闻的新变化，还会借用有实力的人来推行变革等。

然后，他们会把结果告知大家，让结果传达到每一个人那里，包括那些抵制改变的人。不论你对变化感不感兴趣，他们都会说服你亲自尝试一下。同时，他们还会让那些曾经诅咒过改变的人，带着好奇心主动开始改变，并让他们的变化与体验影响到其他人。

这样，他们便会创造出成功。通过接连几次的成功，抵抗势力会渐渐销声匿迹。他们从来不会刺激那些强烈反对者，而是格外小心翼翼地对待他们，以防伤害反对者们的自尊。

随着时间的流逝，反对者自己就会感到不好意思，并主动参与到改变的行列中去。时间，是永远站在幸运者这边的。

## 恶魔的苹果

在很长一段时间里，欧洲都没能摆脱饥荒。每当闹饥荒时，都会有成千上万的人饿死或因营养不良而倒下去。

把欧洲从饥饿中解救出来的，是土豆。一些学者认为，要是没有土豆的帮助，欧洲就不可能发展成为今天世界舞台的中心。是土豆养活了欧洲人，给欧洲带来了劳动力的增加和随后的工业革命。要不然，德国人怎么会竖立起弗朗西斯·德雷克的铜像呢？因为正是他把土豆传到欧洲的（据说，土豆是他从殖民地美国引入的）。

一开始，欧洲人很不喜欢土豆。《圣经》里没有关于土豆的相关记载，因此，他们管土豆叫恶魔的苹果。土豆之所以不受欧洲人欢迎，是因为它是从土里钻出来的，长得也奇奇怪怪的，吃了长芽的土豆还会让人中毒。法国人认为，吃了土豆就会得麻风病。要是有人种土豆，邻居们就会给他刨掉。

在法国，有位叫帕门蒂尔的药剂师，他坚信土豆是一种能够把人们从饥荒中解救出来的幸运作物。帕门蒂尔得到了路易十六的协助，来证明自己的主张是正确的。他借来路易十六的50英亩土地，开始进行土豆栽培试验。为了把法国人带到变化之中，他使用了高明的战术。

土豆花盛开的时节，帕门蒂尔把它们做成花环献给了王妃，王妃玛丽·安托瓦内特把土豆花环戴在头上参加了庭园聚会。女人们都喜欢独特的装饰，帕门蒂尔正好利用了女人的这个特点。那些王公贵族的夫人们，纷纷跑到帕门蒂尔那里去要花。这个宣传战略大获成功，随之，反对种土豆的贵族人数大为减少。

土豆成熟时节，帕门蒂尔立马请求路易十六派士兵来守卫田地。这一举动，引起了农民们的好奇。农民们以为，这里种的农作物一定异常珍贵,甚至还有几个胆大的农民跑来偷走了一些,帕门蒂尔叮嘱士兵们要装作没看到的样子。当农民们发现士兵的看守只是在装样子以后,前来偷盗土豆的人越来越多。

终于,第一批土豆丰收了。帕门蒂尔邀请了一批著名人士来参加宴会,人们第一次品尝到土豆料理的滋味,大为赞叹。与此同时,土豆在偷走它的农民之间,也开始流传。终于,人们不再使用"恶魔的苹果"这个称呼,土豆变成了引领欧洲走向希望未来的幸运作物。

《孙子兵法》一书中说:"攻城"是最差的战术。攻城,即动员大规模兵力,围攻敌人的城池。这种战术不利于攻击方,会给攻击方带来大量的死伤。稍为高级一点儿的战术是"伐兵",即与敌人正面交手。与攻城相比,它能减少人员伤亡的数量。再高级一点儿的战术是"伐交",即通过切断与敌国的外交关系,来削弱其势力。

不过,最高级的战术是"伐谟",即直接挫伤对方的战斗意志。要是打,双方必有死伤,这不可避免。要是没打就直接取胜,不仅毫无损失,还会取得对敌方的彻底降服。因此,孙子把"伐谟"列为战争的最高境界。

其实,这和与那些反对改变的人进行斗争,是同一个道理。你越是与他们为敌,他们就越是抵抗你。他们会躲到城池里,准备与你决一死战,很有可能他们会坚持到最后一刻。就这样,原本想与他们一起享受的幸运,反而变成了不幸。

不用武力就能取胜并享受到幸运的人们,总在追求不同寻常的胜利。他们不会与反对派发生正面冲突,而是选择迂回前进。因此,你看不到战争的过程,这与那些低级的战争有所不同。因此,最好的过程,绝对不是看起来最华丽的那个。

## 03 善用你的幸运雷达

**结**识另一半的方法有很多种，比如，通过他人介绍或是通过相亲大会等。考虑另一半的时候，你会在心中计算各种选择的利弊，连对方的性格、脾性是否与你匹配都会考虑进去。但就是因为这些盘算，总是纠结于"他（她）这一点还行，但我不喜欢他（她）那一点"等，会让我们错过许多人。爱情中，我们选择的，应该是"有感觉的人"。

人是个矛盾的存在。在其他事情上，人们追求充满逻辑性、一目了然的结果，但唯独在爱情上，人们渴望命运般的相遇。在其他事情上，人们希望按照自己的意志和目标进行下去，但唯独在爱情上，人们渴望偶然的邂逅。

感知力良好的人，会比其他人更容易遇到称心的另一半。在男女问题上，不管另一方的相貌与条件有多么出色，如果你没有感觉，肯定无法交往下去。但也不是说他们总能够遇到幸运，有时候，他们也会忽视心中暗示的信号而与不合适的人结婚，并会为之付出沉重的代价。

百货商场里，那些感知力良好的职员，会取得非凡的业绩。他们看一眼顾客进来时的态度，就会立马知道客人是有真心购买的意向呢，是想看一看再说呢，还是只是进来逛逛。一般来说，他们预测得都很准。感知力良好的营销人员，能够看透顾客的心思，并正确地满足其愿望。

有些人在与对方的交谈中，就能摸透对方的心思，就像是人体测谎器一样。他们自己也说不清这秘诀到底来自哪里，只说是凭感觉。不过，这种感觉的运转方式，确实与测谎器有些相似。

测谎器通过你一时表情的变化、呼吸频率的变化、心跳次数的变化、面色是否发红、血压高低等综合指标，来测试你是否说了谎。那些感知力良好的人，都有一种高性能雷达，能够察觉到常人察觉不到的细小变化，领先别人一步走进旁人眼中看不见的世界。

美国次贷危机席卷而来之时，无数金融公司几近破产。几乎所有的金融公司，都因此次危机蒙受了巨额损失。那些投资界的专家们，在一夜之间就沦为了失业者。当然，其间还是有位投资专家，仅在2007年一年间，就取得了高达4兆韩元的收益。

他就是约翰·保尔森。当时，他经营着一家名为Paulson&Co的私募基金。在美国房地产市场极为兴盛之时，保尔森就感觉到了一种异常的气氛。

他收集并分析了各种金融及房地产市场的资料，发现几乎所有的资料都预示着房地产业的前景一片乐观。这些资料显示，虽然松散的贷款标准存在着一些问题，但在房地产或借贷领域，爆发大危机的可能性非常之小。随着移民的流入和中产阶级的增加，房地产市场的规模将会进一步增大。但不知怎么，他心头却冒出了一种不祥的感觉。

在对资料做了更深入的分析后，保尔森心中的恐惧不但没有消失，反而越加强烈了。似乎，美林证券公司和美国政府这两只"调节市场的大手"，并没有做好风险管理工作。

他决定要与这种不安感决一胜负，他预测房地产市场将会崩溃、信贷担保证券的价值将会大跌，并据此做了一项赌注投资。然后，他心里的恐惧感渐渐消失了。他相信，自己的判断正确无疑，并且一定会收到好结果。

保尔森的逆向投资获得了惊人的成功。仅2007年一年，他的收入就达到了4兆4千亿韩元。这个数字，足以载入华尔街的史册了。当然，运气是不停运转的，一个人不可能总是那么走运。这次成功之后，保尔森的事业就多少有点不景气，还被怀疑与高盛集团有着不正当交易。但即使这样，我们也无法否认，超越常人的感知能力给他带来了巨大的成功。

保尔森的幸运雷达的运转，要依赖于一种名叫多巴胺（Dopamine）的物质的帮助。科学家们发现，多巴胺是一种神经传导物质，用来帮助细胞传送脉冲，对人类的爱憎等情感有着巨大的影响。

多巴胺的分泌量会根据神经细胞的各种变化有所不同，而这会影响一个人的情绪。当你对一种完全陌生的经验进行了正确的解释和预测时，多巴胺的分泌量增加，你便会感到无比幸福。相反，当你预测错误，期待感便会急速下降，多巴胺的分泌也会立即停止，并让你感到有些不愉快。在对事物的理解上，人们的感情，总是走在理性的前面。

通过多巴胺，我们可以在预测与其结果之间，建立起某种联系。在反复的训练与学习中，多巴胺神经细胞会帮助我们提高预测的正确度。

最近，科学家们又发现，前扣带皮层①会在人类的意识与情感之前发生作用。在异常的雷达信号之下，前扣带皮层会感到不安（就像保尔森感觉到一种无形的不安一样），然后，这种不安感会立刻转换为肉体信号，你的肌肉会突然地紧张起来，为随时可能出现的突发状况做好准备。

陷入不安中时，你的心跳会骤增，还会分泌出大量的肾上腺素（Adrenaline）。大脑会向你发出信号，告诉你不能再耽搁了，刺激你要立即做出反应（就像保尔森为了找出其中端倪而立即进行资料分析一样）。之前紧张不已的情绪，会在原因浮出水面后和你决定要施行对策的那一瞬间，突然变成幸福和满足感（就像保尔森决定要进行逆向投资时的感觉一样）。

## 梦是未来发给你的幸运信号

运气好的人，都很会利用梦发来的信号。有很多人，不爱听别人说梦，认为那是忽悠人的东西，但即使是这些人，对胎梦的不可思议也会哑口无言。因为，至今还没有能反驳它的科学解释。

梦是一种人类的潜意识高度活跃的、难以用科学来解释的事物。有无数人都会在梦中见到自己的祖先，或是梦到自己中了彩票。也有很多人会因为一个不祥的梦而取消旅行计划，结果曾经预约的飞机果然发生了事故。

---

① 前扣带皮层：位于大脑额叶的内表面，与疼痛、焦虑等情绪反应密切相关。——译者注

有很多人都会做"预知梦"。预知，是提前知道了难以预测的未来之意。西藏人把预知梦叫做"未来的记忆"。

那些幸运相随的人，总是会努力地解梦，并会反复地咀嚼梦所传递出来的内容。虽然解梦是件很吃力的事，但它却会对你解决问题有很大的帮助。

大部分的人，都不会把意外的事件与不同寻常的梦看做是幸运雷达，而仅仅把它当成是一个的普通现象而弃之不顾。人们总是不愿听从自己内心发出的声音，而把事情交给别人去决断。要是结果不满意，就会怪罪于他人；要是出现了好结果，他就会说："这是我早就预想到的。"如果你总是这样，那你的感觉会变得越来越迟钝。

良好的感知能力，是用心培训出来的。如果你能够用心聆听那些来自感情的声音并努力地学习，你就会拥有自己的幸运雷达。

## 与自己和解

女演员安吉丽娜·朱莉,最近正处于人生的黄金期。在电影里,她是与凶狠歹徒殊死搏斗的女战士;在电影之外,她又是一位慈善大使和"超级妈妈",共领养了来自3个国家的6个孩子。

朱莉原本并不是这样的人,就在几年前,她还是个古怪又非常不招人喜欢的好莱坞恶女。

她的成长过程,充满了坎坷与艰辛。还不到一岁的时候,父亲乔恩·沃伊特就抛弃了她。乔恩·沃伊特是位风流成性的演员,朱莉十分憎恶他。她的整个青春期都是在极度的自卑中度过的。因为她的母亲有印第安和法国血统,父亲是德国人,混血儿的独特外貌让她难以忍受。

从饰演儿童角色起,朱莉就像是在跟父亲抗议似的,出演的每部作品都格调粗犷且富有挑衅意味。

她不愿与父亲同姓，就把自己的姓氏从沃伊特改为了朱莉，并和年长自己20岁的男演员结婚又离婚。她总是不假思索地做出各种自我破坏行为。1999年，她因出演电影《移魂女郎》中的一位精神病患者，获得了金球奖最佳女配角奖和奥斯卡最佳女配角奖。

但从担任了联合国难民署亲善大使开始，朱莉便发生了改变。她开始积极参加各种慈善活动，每年还捐出相当于数十亿韩元的善款。当然，有些人怀疑她这是在作秀、"炫耀自己"，他们不相信这位总是跟其他女人抢男人、开豪华派对的恶女，会有所谓的慈善心肠。

有趣的是，影迷却偏偏对她狂热地迷恋，因为大家喜欢忽好忽坏、从不被特定框架所束缚的她身上所彰显出来的自由主义。

不管别人说什么，安吉丽娜·朱莉都会坚定地走自己的路，人们总是能够从她身上获得强大的动力。

reconciliation（和解）这个单词，由"re"和"conciliation"这两部分组成。re是重新、崭新的意思，conciliation是在一起的意思，因此，reconciliation的含义就是重新在一起。

不爱惜自己的人，应该想想这个单词。之前，你为了寻找幸运而过分地鞭策自己，现在，你应该请求与自己和解，并与自身变为一体。你就应该成为你自己本身。

有些人想起自己的幼年时光，情绪就会异常的激动。他会想起在破裂家庭中度过的不幸童年，想起那些曾经折磨、侮辱过自己的人。总之，人人都有各自独特的不幸遭遇。就像托尔斯泰所说："幸福的家庭，家家相似；不幸的家庭，各各不同。"

有些人，为了变成从山沟里飞出来的凤凰，拼尽全力终于成功。与其说他们是喜欢展翅翱翔，倒不如说他们是想从愤怒与痛苦中挣脱出来。这两者之间，存在着一种看不见的差异，而这种差异，并不是说他们成功后就会消失不见，而是会一直存在下去。

## 对自己的关爱是无比珍贵的东西

在百般挣扎之后才取得的成功里，会让人有一种无法填补的空虚感。这与那些在富足的家庭里长大，却不得不去追求一种被认可的人生的人们之间，有一定的相似之处。

表面上看来，一切都非常完满，他们生活在一个既成功又温暖的家庭里，而透过表面，却是极度的痛苦与难以填补的空虚。因此，他们格外地在乎来自他人的关心与物质上的补偿。在这一过程中，他们逐渐丧失了展翅翱翔于蓝天的动力，有一些"凤凰"还会从天上掉落下来。那些曾经红极一时的偶像明星，也是这么陨落的。

对于他们来说，成功的原动力是强烈的竞争意识。说得再确切点，是自卑感和失败感。为了从中摆脱出来，他们会不断地鞭策自己。但在这一过程中，他们也会失去一些无比珍贵的东西。

所谓珍贵的东西，就是对自己的关心与爱护。在接连不断的批评和竞争意识的围攻之下，他们完全失去了关爱自己的心境。虽然他们看起来生活得很好，但却感觉不到一丝的幸福。在他们眼里，别人都是幸福的，只有自己是不幸的。他们总是执著于过去的伤痛，让身边的人难以消受。他们总是说："为什么幸运总是躲着我？我到底做错了什么？"

他们因为不懂得关爱自己，所以就想用物质来补偿自己。一方面，他们明知自己不幸福；另一方面，却又极力给自己化一个幸福的妆容。他们总是神经质般的过于关注别人会怎么看待自己，害怕别人看穿自己的内心。

如果一直摆脱不了这种恶性循环的话，他们就只能变成没有好运、没有福气的人了。

埃莉诺·罗斯福说："如果你自己不同意，那么，没有人会让你感到自卑。"

不久之前，朱莉还是个不幸的女演员。出于无法填补的空虚，她想通过毁坏自己来得到别人的关心。但是现在，不管别人对她说什么，她都不会放在心上。

在经历了无数的苦难与彷徨之后，她开始变得堂堂正正。堂堂正正，来自于对自己的关爱之心。幸运，只会去找那些真正懂得爱自己的人；而爱自己的人，才会毫无顾忌地敞开大门迎接幸运的到来。

那些好运相随的人，从来不会责备自己，他们懂得宽恕自己、关爱自己。即使只取得了很小的成功，他们也会积极地肯定自己，赞扬自己。这些来自习惯上的差异，会改变一个人的人生。幸运，就是生活赐予那些懂得关爱自己的人的礼物。

## 05 哪张才是吸引幸运女神的脸

没有什么比青春更美丽。但还有一种美丽，是青春过去后方才显露的，那就是一个人的内在美。

从35岁开始，一个人的内心状态就开始表现在脸上了。到了40岁之后，一个人的脸上就再也藏不住他的内心是美是丑了。

你是个什么样的人，别人看一眼你的脸就会知道，你自己却蒙在鼓里。

那些总是诽谤同事或总是满腹牢骚、不停抱怨的人，他们的脸上写满了嫉妒与愤怒。而那些试图牺牲别人以获得自我利益的人，眼睛里也总是闪烁着欺骗的眼神。

因为他们一直这样生活，所以脸孔慢慢地呈现出了适合这种生活的气质。一再出现的某些表情，时间长了，就会凝固在你的脸上，这就是岁月的车辙碾过之后留下来的痕迹，记录下了你走过的路。每当心中产生这方面的念头时，不知不觉间，你就流露出了那些表情。

一个人的脸上，有40多块肌肉。每个人在微笑、生气、惊讶、伤心时使用的肌肉、肌肉强度与肌肉间的组合，都会略有不同。每个人有每个人惯有的情绪和表情，这些不断重复的表情，也在重塑着你的脸孔。就像一个人会改变一样，脸孔的模样也处于改变中。

都说长年生活在一起的夫妻，会越长越像，这是有一定道理的。这是因为，夫妻在经历共同的人生，总有共同的感受，做出相同的表情，然后慢慢地，这些表情让他们的脸也发生了相应的改变。并且，两个人长年生活在一起，彼此就会像照镜子似的，有意无意地去模仿对方。长期在一起吃同样的食物，也是彼此间越长越像的原因之一。

据说，一个人的模样，天生的部分只占了30%，剩下的70%是由生活方式决定的。年龄越大，内心状态对模样的影响就会越大。因此，生活方式对于一个人模样的改变至关重要。年轻时，你还可以装出某些表情来掩饰自己，但上了年纪之后，你的脸就没那么好使唤了。

就在七八年前，M还是一个性格开朗的人，开朗的性格让他很受欢迎。但真正和M相处过的人，都和他维持不了太久的良好关系。表面上看，M是个性格开朗且容易接近的人，但接触久了，你就会发现他的本性却是喜欢无视对方的感受、挑剔别人。

就这样，几年之后，M的身边几乎一个朋友都没有了。虽然他也会参加各种聚会，但也没有交到什么新朋友。大部分人一看到M走过来，都会吓得立马开溜。直到M见到了一位10多年没见的老朋友，他才知道了人们仓皇躲避自己的原因。

这是因为他的"脸孔"改变了。这是几年来不知不觉发生的，他自己根本没有意识到。但朋友们一见到他，就会吓得想要逃跑。M一头雾水，还在琢磨："我们之间有什么不愉快吗？"就这样，天使们都离开了，他变成了一个没有好运、没有福气的人。说他"有"或"没有"福气，这种表达不太确切，确切地说，应该是他没有迎接福气，反倒亲自踢走了福气。因为，日常生活中的大部分福气，都是经由他人带来的。

## 没有不必要的期待，满足就会到来

一个人明快的脸庞，会像吸铁石一样把他人聚集到自己身边。明快的表情，会给他人带来舒服自在。通常，幽默的人脸上会有这种表情。

中年以后还能常常做出这种快乐表情的人，都是属于内控者（locus of control），他们能够自己为自己提供能量。并且他们相信，自己是变化的主导者，自己可以唤来幸运。相反，那些外控者（external locus of control），却总是把一切事件的原因和控制，都归于外部的环境。这些人的运气普遍不好，他们总是忙于去嫉妒别人、附和别人和伪装自己，却无暇关注自己的内心。然后，他们会陷入极度的愤怒、孤独与忧郁之中。

快乐的人们，即使面对更年期忧郁症的威胁，也能够从容坦然地去面对。有调查显示，最容易罹患忧郁症的年龄是44岁。美国沃里克大学的安德鲁·J.奥斯瓦德博士对来自80个国家的200余万名对象进行了分析。结果发现，最容易陷入忧郁症的年龄，男女都是44岁。

奥斯瓦德博士表示，虽然现在还不清楚这其中的缘由，但可能的原因是人们到了这个年龄，对于自己和世界，已经有了足够清醒的认识，不得不把那些明知不可能实现却又难以割舍的愿望压在心底，产生了幻灭感的缘故。

确实是像奥斯瓦德博士所说，40岁之后，人们就会明白：世事并非都如己所愿。

但人们对于许多明明摆在眼前的珍贵东西，往往视而不见。

拿破仑有一次在战场上意外发现了一棵长着四枚叶子的三叶草，他好奇地想要摘下它，就在他弯腰的一瞬间，一颗子弹从他头顶飞驰而过。幸亏有这棵三叶草，才让拿破仑保住了性命。从此之后，长有四枚叶子的三叶草就变成了幸运的象征。这个故事，不少人应该都听过。但是，却很少有人知道我们生活中常见的普通三叶草的象征意义。刚巧，它象征的就是幸福。

这是个有趣的、偶然的巧合。即使这普通的三叶草（即幸福）就在我们身边，我们还总是在心里惦记着四叶的三叶草（即幸运）。

那些有些苍老却依然漂亮的脸庞上，总是带着一种平和安然的表情，就像我们常见的普通三叶草一样。

只有心境坦然，才会感到舒服自在，才会表现出平和的面容。心境坦然的人们，越是上了年纪，就越能够放下心中的期待。正是因为不对他人和这个世界抱有太多虚幻的期待，他们才会展现出平和又美丽的面容。他们总是能满足于现在的幸福，而不刻意去寻找四叶的三叶草。

## ▌自我与满足，是发现幸运的放大镜

万事的因缘，都是自己。常常猜疑、冤枉别人的人，他的心思越会在脸上表现出来。内心的扭曲，会带来面容的扭曲，别人看到他这扭曲的脸，心里也会感到不舒服。因此，没有人愿意与他接触，他会更加孤独，面容也会更加丑陋。这张别人避之不及的面孔，是一个人内心的真实写照。

eudaimonia这个单词来自希腊语，表示幸运或幸福之义。在古希腊，幸运与幸福是结合在一起使用的。至今，eudaimonia还是一个被用来表示幸福的哲学词汇。在这里eu、daimon、ia分别表示好的、内心和状态之义，因此，整个单词的意思就是好的内心状态。

苏格拉底说："我信奉守护神（daimon）。"他所说的守护神，指的就是走错道路时的内心信号，即内心的声音。柏拉图说，这个单词起源于表示智慧（knowing）之义的daemon。有的哲学家说，它起源于表示害怕之义的deimainein，还有哲学家说，它起源于表示分享命运之义的daiw。daiw也是指守护神。

不过，大部分的研究人员说，守护神（daimon）起源于神这个概念。它不是一个具体的神，而是一个把对神的尊敬和宗教结合在一起的复合概念。

不论作何解释，希腊人都认为，智慧、害怕、守护神、神和宗教等所有这些神圣的东西，都存在于一个人的内心里面。如此说来，他们在很早以前就相信，我们的内心里存在着另一个宇宙。

通过现代科学技术，我们正在一点点地解开其中的奥秘。但我们目前所知道的，还只不过是冰山一角。内心世界就像宇宙那么广阔无垠，我们根本没有办法一一探查其虚实。

古希腊人从内心宇宙中找到好东西时，就会认为这是一种幸运或幸福。至今，希腊人还是这么认为。运气最好的人，不是那些中了巨额彩票或刷新了某项世界纪录的人；运气最好的人，是能够在广阔无垠的内心世界中找到自我与满足的人。自我与满足是一把放大镜，不论在何时何地，都能够让你看到幸运。通过这把放大镜，你可以幸福地感觉到内心神秘的幸运。当你忙于享受自我幸运时，就再也没有了与他人比较的空闲。

自我和满足，能够让你绽放出美丽的笑颜，这就是幸运女神喜欢的美丽脸庞。

## 06

## 蜉蝣与鹰

蜉蝣最多能存活3周。它们没有嘴，所以不能进食，只能到处飞来飞去。

它们飞来飞去，是因为其他的蜉蝣也在飞来飞去。就这样，它们一只跟着一只，在天空中来回打转。但就是为了能在天空飞上这么几天，蜉蝣幼虫却要在水中足足等待一年的时间。它们经过漫长的等待，来到这个世界上，忙碌地追随在其他同类背后飞来飞去，最后精疲力竭地死去。

美国的一位将军，在退休时说："我的理想，是当一名国家公务员。结果，当我带着自己的崇高理想，当上公务员之后，却每天都在疲于奔命，最后，我连自己当初想要爬上这个位子的理由、自己的理想，全都给忘了。"公司里的高层管理者，几乎没有自己的闲暇时间。他们的生活里除了竞争还是竞争，他们马不停蹄地追赶竞争者，连为明天做准备的时间都没有。

如果不能把差距缩小到1%以内，就不是成功的人生。这是韩国的成功标准。因此，为了进入这1%的差距范围，大家都在拼命地互相追赶。

在走向社会之前，一个孩子要用十几年的时间做准备。在这个过程中，激烈的竞争就已经存在了。他们总是忙着比较和证明谁更有竞争力，拼尽全力地追赶跑在前面的孩子，却没有时间思考自己是谁、想要成为一个什么样的人。他们唯一的想法就是："胜者为王。"

但是一踏进社会，他们就被质问："为什么你没有自己的想法呢？"

每次同学聚会，H都会做一番周密的准备，如提前预约美发和面部按摩等。这样做，是为了让自己以最年轻的面孔出现在大家面前。不过，照镜子的时候，H还是会后悔没有提前注射肉毒素。

聚会当天，H穿上了自己最新款式的衣服，不过，大家对此却毫无反应，都像是没看见一样，完全一副漠不关心的样子。因为每个人都是从头到脚精心打扮过的。每次聚会，为了赢得大家的关注，H都会竭尽所能打扮自己，信用卡刷到爆。但是，不管她再怎么用心，都赶不上其他人光彩夺目。

"为什么大家都那么气派呢？好像每个人的人生都很精彩，除了我之外。"H认为，朋友们的气派来自于她们的服饰打扮。H也想变得像她们那样，但是好像无论她怎么追赶也追不上。

对自己的现状，H十分不满，她希望一切会好起来，但却没有一点儿自信。如果对现状不满意，那你对未来的期待也会毫无意义。因为，你的现在，都是由你的昨天而来的。

你需要认真地问一下自己："我现在所做的，是我真心喜欢的吗？是否我也像蜉蝣那样，整日在忙于追赶别人呢？"

一个人带回来一只与母鹰失散的幼鹰，他把它放进了鸡窝，与公鸡一起圈养。这只小鹰总是被公鸡欺负，但它还是紧紧跟在公鸡身后。第二年，这个人想把它放回大自然。他把它拉出鸡窝，让它飞，但不论是用棍子打，还是把它从屋顶扔下来，它就是飞不起来，拍动几下翅膀就又钻回鸡窝去了。就这样，和公鸡一起长大的这只鹰，最后也把自己变成了一只公鸡。

　　第二天一早，他抱着它去了山顶，太阳正在慢慢地升起，将要叫醒这宁静的世界，周围一片金黄。他把这只鹰放在一颗巨石上，让它面对着太阳。鹰凝视着周围的世界，片刻之后，它终于张开了双翅，高声鸣叫着飞向了蓝天。它越飞越高，最后变成了一个小点，逐渐消失在了天际。这个人等了一阵儿，它再也没有飞回来。

　　鹰飞上蓝天，是因为它发现了一个更为广阔的世界。虽然是在鸡窝里和公鸡一起长大的，但鹰终究还是鹰。

## ▍过专属于自己的人生

　　之所以无法从不幸中摆脱出来，是因为我们总是活在别人的世界里。我们总是在忙着追赶别人，却错失了自我和自己真正想要的东西。回想一下，是否你总是在忙于奔跑，连问问自己真正想要什么的时间都没有呢？

　　我们这个世界，受大家欢迎的工作就被认为是好工作。如果你过于追求个性，就会被贴上局外人或缺乏社会性的标签。而大家的爱好，无非就是互相攀比和炫富。在追随别人的同时，我们也逐渐把自己变成了擅于挑刺的批评家。因为，批评让我们感觉最舒服。批评别人的时候，不需要付出成本和劳动，人人都可以做到。

在纽约，有超过1800座铜像，不仅有著名的政治家，还有将军、艺术家、无名勇士，甚至还有雪橇狗。总之，可谓是形形色色。但却单单没有一种人的铜像——批评家。

曾经历过数次破产，但却又一次次重新站起来的英国百万富翁考林·特纳如是说："这些矗立的铜像，都是那些生前备受批评的人们。人们停止对你指责的那一天，就是你停止进步的那一天。"

那些批评者只看到我们的表面，就开始指责我们。例如，H离开之后，她的朋友们就会这么说："哎，你看见她穿的衣服了吗？她要想学我们，也学得好一点儿嘛。那双鞋和裙子一点儿都不搭！"

可是，对生活的满足感，是来自一个人的内心，与批评者无关。现在，H最先需要做的，是找到发自内心的满足感。

成功人士与常人之间的差异在于，他们从不会因为害怕被批评而把自己心中的鹰藏于鸡窝里，而是会正大光明地让它飞上天空。大部分人，一辈子都生活在追随别人的不幸之中。从这点来说，能够找到自我，就已经是个非常了不起的幸运了。

成功人士，能够客观地对待批评的声音。批评者们取笑他们和别人不一样，但对于成功人士来说，不一样意味着他们找到了自我。追求自我，就是他们的生活方式，也是他们成功的原动力。如果放弃了自我，而是像蜉蝣一样追随在别人背后，那他们就不会成为成功人士了。

那些只看表面的批评家们，是看不出这其间的差异的。他们就像一只鹰，自由地翱翔于世界之中。就在他们勇敢起飞的那一瞬间，世界就在他们眼前铺展开了，他们眼中的风光，又怎么是公鸡们可以想象的呢！

## 07 河沟之龙与方向盘

**如**果把人生比作一辆车,你有没有想过,自己这辆车的方向盘,是握在谁的手上。世界上有一种人,是拼死也不松开自己的方向盘的。他们就是"河沟之龙",即从小河沟里飞出来的龙。我们都以为河沟之龙的生活应该是幸福的。他们脱离了艰苦的生活环境,取得了巨大的成就,一定会感到自己很有价值、很满足。当然,是有这种可能性的。

但事实上,他们却没有闲暇去享受幸福和满足。他们生怕一旦掉以轻心,掌握自己的方向盘的,就换作了别人。因为这个世界上想搭顺风车,甚至想抢夺别人方向盘的人总是层出不穷的。

成功的取得,是需要付出相应代价的。河沟之龙也不例外,他们飞跃了多少,就需要付出多大的代价。

K是他们村子里的超级明星。由于小时候太穷，他连课本都买不起。但K头脑聪明，每次都考全校第一。靠着奖学金的支撑，他读完了大学。在校期间，他就通过了司法考试，村子里还挂起了横幅为他祝贺。然后，他便开始了作为公务员的执法生活，又通过相亲结了婚。这些成功，都源于他坚定地把控住了自己人生的方向盘。

经常有人到他单位来找他，想请他行方便，有的还带着陌生人来。这是那些头脑灵活的人想要利用单纯憨厚的人。

K总是说服他们离开。对于这些人的请求，他一般都无能为力。有些人还会纠缠不休地找到他家里去。妻子收下了水果篮，结果却发现了藏在水果堆里的红包。每次升职，他的压力都会随之增大，而想抢走他方向盘的人，也是越来越多。

大家都开始说："K成功以后，就完全变了一个人似的。"大家都觉得，现在的K太过冷淡无情了。在他们看来，K是某某的儿子、某某的兄弟，但现在却一点儿也不帮他们，于是，大家就开始认为，他不把大家放在眼里，瞧不起大家了。他们理解不了K所说的那些法律和规定，在他们看来，这完全都是借口。

最后，竟然还有人打着K的旗号，做了不法之事。K心想，再这么下去的话，自己的人生就会被这些人给毁了。他深切地认识到，河沟之龙的处境到底有多么不容易。

河沟之龙们，都是极其善于自我管理的人。正因为这样，他们才可以像弹簧似的，从最底层一跃而起。但并不是说自己变成了一条龙，就可以随意自由地支配周围环境。

某些演艺界人士，也会遇到这种情况。特别是那些打小就出名的艺人们，虽然享受着众星捧月的待遇，但还是会被一种极度的孤独感所包围，被折磨得不堪忍受。虽然他们以自身的能力、努力与幸运获得了成功，但却总是会陷入一种担心成功终将化为泡影的极度不安之中。更为痛苦的是，他们还不能按照自己的意志操控人生，而需要听从演艺公司的安排，也没有时间来享受成功带给他们的幸福感。他们过的，只是一种机械重复的生活。

历尽艰辛后，他们翻看了存折上的余额，变得大惊失色，原来，存折上的余额已所剩无几。因为，就在不知不觉间，他们已经签下了很多合约。有越来越多的人，向他的父母或兄弟姐妹建议共同创业。虽说周围的这种环境无可摆脱，但他，也要为自己没能严格管理所处的环境背负起责任。

特别是当一个人处于鼎盛时期的时候，尤其需要多加注意。因为，你很有可能会傲慢地认为："不必担心，我会一直这么顺利的"，或者"我有什么好担心的？会有更好的机会等着我"，如此等等。

而且，这些河沟之龙和小小年纪就出道的明星们，他们周围没有可以给其建言献策、指点迷津的人，因此，要做到自我节制和保持人生汽车的平衡行驶，就显得格外艰难了。

## 牢牢抓住方向盘，才可以守护住幸运

河沟之龙们，不得不处处提防地看别人的眼色生活。因为没有后台撑腰，所以他们很难放开手脚做事。再加上，他们从小河沟飞上了蓝天、出人头地了，当然会成为大家的眼中钉。

要想遇到幸运并把幸运维持下去，需要自身的努力、周边人的帮助再加上合适的时机，这三者缺一不可。在这一点上来说，河沟之龙们的确是非常了不起的，因为他们仅仅依靠着自身努力，就赢得了幸运的青睐。

在小河沟里，几乎没有能帮得上他们的人。在这样的环境下，河沟之龙们不得不用尽全身力气，紧紧地把自己人生的方向盘握在手里。他们自食其力，赚钱、学习、养家糊口，还在这期间做到了事业有成。

成功之后，想要来占他便宜的人，多得排起了长队。当然，在力所能及的范围之内，河沟之龙是愿意给他们提供帮助的。但是，大家都以为"只要地位高，什么都好办"，他们没有亲身经历过，所以就以为什么事情都好解决得很。

他们不知道，自己的所作所为，反而会让"偶像"们喘不过气来。幼年时期的朋友或后辈出人头地了，所以自己也想搭一程顺风车，去握一握别人的方向盘。可是，这样的人不止一两个，几次之后，方向盘就彻底沦为公用的了。

很多河沟之龙，都因不善于管理周围的环境而将手中的方向盘拱手送人了。大部分被审判的国家高级公务员们，都是因配偶、子女或亲戚的过错而引火烧身，并蒙上了"走错人生之路"的耻辱。当然，最终的责任，还是在其本人。

因此，对于那些把幸运一直延续下去的河沟之龙们，我们应该真诚地为他们鼓掌。他们凭借高超的驾驶技术，取得了不一般的成就。他们平稳地疾驰在人生的大道上，并且决不把方向盘让给别人。因为他们知道：一定要自己掌控自己的人生，一旦想要过那种给别人看的人生，即为得到他人的认可和羡慕而生活的话，就会很快失掉手中方向盘的主宰权。

幸运，也需要去守护。能守得住幸运的人和守不住幸运的人，他们之间的差异在于方向盘掌握在谁的手上。要亲手掌握自己的方向盘，才能够让人生之路按照自己的意愿向前拓展，也能避免让"单纯无谋"的周边人受伤。

## 08 胆小鬼的智慧

**希**腊特尔斐神殿入口处刻有两句格言，一句是：了解你自己，另一句是：过犹不及。柏拉图曾说过，sophrosyne这个词的含义是"把幸运与灾殃联系起来的能力"。它的核心含义即是了解你自己与过犹不及。

P的一位朋友向他提议说："出口货款的结算日期被推迟了，如果你借我5千万，那一个月后，我返还给你35万元的利息。"P现在正好手上有一大笔钱。虽然P心中感到一点儿隐隐的不安，但一想到这个人是他表哥的朋友，看起来也是值得信任的样子，所以还是把钱借了出去。第二个月，P果真拿到了5035万。这笔投资的回报率相当高。之后，他们之间又进行了好几次这种交易。P心想："我还真幸运呢。"

后来，那个人又提出了新的方案，他对P说："我想扩大公司规模，如果你借我1亿韩元，那我每月返你70万的利息。"P听了他关于业务的说明，专业用语太多又太过复杂，P完全听不懂，但他又不想让自己显得很无知，所以就不懂装懂了。

那个人说，他无法从银行取得贷款，因为政府里有关于战略物资的相关规定，他与中国之间的非正式业务主要通过香港进行，所以也不能拿到政府的贷款，诸如此类。当时，P手中没有那么多钱，但在借口去卫生间的工夫，他给表哥打了通电话，从表哥那里借到了钱。他心想：别人都在忙着赚钱，我不能让自己落在别人后面。

终于，P把钱凑齐交给了那个人。但没过多久，这个人又找来了，他说："事情出了点问题，现在手头资金不足，需要再借5千万。"接下来，又是一段冗长烦琐的说明。他还保证说，会给他110万韩元的利息。这一次，P开始紧张起来，但赚钱的欲望终究还是战胜了紧张。然后，P又找父母借了钱。就这样，P借给那个人的钱，足足超过了两亿。

最后，真相大白了。表哥打来电话问P："你听说了没有？那个人出国了。"本来P还想着自己真幸运呢，结果，还不到一年的工夫，这种幸运就突然变成了最大的不幸，这让P痛不欲生。

## 用愚蠢的问题击退不幸

苏格拉底被认为是雅典最为贤明的人。不过，他自己并不相信，便想求证一下。他拜访了雅典最富有学识的政治家、哲学家、工匠和诗人，并给他们提出了一些问题，这些问题看似愚蠢，但其中却蕴藏着真理。人们被苏格拉底搞得不胜其烦，觉得他有点神经兮兮的。于是，他们以扰乱社会秩序的罪名，将苏格拉底告上了法庭。终于，苏格拉底知道了，自己确实可以称为是雅典最为贤明的人，而这，正是由于自己的"无知"。

没有什么事情，比表现出自己的无知更可怕。但也没有什么事情，比出于想隐藏自己的无知，却因此遭受了更大的损失而更让人后悔的。当初，P要是问些愚蠢的问题，说不定就会看出点儿不对劲儿的苗头来。

骗子的台词一般都很虚假。虽然他们用各种专业术语和错综复杂的关系给自己披上了一层神秘的外衣，但只要你稍微深入了解一下，他们就会原形毕露。能够让他们露出原形的方法，就是问些愚蠢的问题。

但许多人对这样的问题都问不出口，因为和P一样，大家都害怕丢脸或被别人小瞧，于是就不懂装懂。骗子们正好利用了他们的这种心理。

"它是什么意思？"

"我没听懂，请再给我解释一遍。"

如果你不断地提问，骗子们就会变得哑口无言、惊慌失措。他们会找出各种搪塞的借口，然后就会露出马脚。那些骗子们因无法挣出不幸的泥潭，便想将自己的不幸转嫁他人，窃取他人的幸运。他们也确实可以骗来一些幸运。不过，被偷去的幸运，不会成为他们自己的。终有一天，他们会因自己的罪行，而承受更多的不幸。

大部分的人祸，都是裹着幸运的皮出现的。正如柏拉图所言，幸运与灾殃，常常是连在一起的。我们心里的欲望，会让人变得脆弱，失去辨别的能力。即使我们已经察觉到事情不对劲了，还是会让心里的欲望占了上风。随着时间的流逝，问题会自然地显现出来，但我们却不肯认同这些事实。因为，不想蒙受损失的想法，正在牢牢地占据着我们的内心。

受骗者正是出于这种心理，才会一直给那些诈骗犯送钱上门。他们还会真心期待诈骗犯取得成功，好收回成本，大赚一笔。

希腊政治家德摩斯蒂尼曾说:"人们总是会掉入自欺欺人的陷阱里,人们在期待某事的时候,很少会怀疑它的真实性。"

正如我们已经说过的,人类的感觉,一般都很正确。你如果出现了不祥的预感,就一定是有其原因的。虽说这情报只会让你感觉片刻的心情不佳,但如果用理性去观察和思考,你便能破解这情报。

从对方说话的方式、面部表情、眼神、肢体动作中,你都能找出些许马脚。这跟测谎器的使用,是同一原理。具有良好感知力的人,他们的感觉甚至比测谎器还准。

生活中,你总是会遇到一些"玩弄你运气"的人。有的人会一周给你打好几通电话,说要告知你"房地产业界的最新投资动态",还会给你发来无数的邮件和短信。问题是,当不幸带着幸运的面具,以亲近朋友的面孔出现在你眼前时,你很难拒绝他们的提议;再加上他们已经对你了如指掌,能够准确挑动起你的欲望。所以,他们一般都能得手。

真正守得住幸运的人,一般都是胆小鬼。

他们会对事情进行理智的判断,并且毫不避讳自己的无知,接连提问一些愚蠢的问题。而这些看似愚蠢的问题,偏偏是最能刺中要害的。

其实,这个道理不只适用于诈骗案件。公司里的高级经营者,在听到精英职员们的华丽演说之后,也会提出一些愚蠢的问题。

"用一句话总结的话,你的主张是什么?"

"请再简单概括一下你的投资方案。"

在这样的反复交涉之中,是幸运还是不幸,其本来面目自然会被揭露出来。真相,原本就是简单易懂的。看似复杂的东西,一般都是欺诈、谎言或虚幻的假象。守得住幸运的人,在自己不确定的情况下,会选择最保守的应对方式,因为"过犹不及"。他们会推辞说:"这么好的机会,真的不适合我。"如此强烈地拒绝之后,对方就不好再说什么了。

所以说,胆小鬼更能守得住幸运。从"幸运欺诈"中保住幸运的人,与陷入"幸运欺诈"中被窃走的人,他们之间的差异,就在于问了多少个愚蠢的问题。胆小鬼们知道自己的无知,也不羞于提问。不管在哪里,不管在什么人面前,他们都会毫不畏惧地把自己心里最愚蠢的问题提出来。

# 09 一生的幸运天使

在1962年初,IBM公司不想给一位年轻的推销员发放绩效工资了,就以超额完成任务为由,给他放了六个月的假期。这位推销员已经在IBM公司工作了四年,虽然表现得很出色,但也是一个比较麻烦的人,因为他总会想出一些让上司们头疼的古怪主意。这个人的名字叫罗斯·佩罗,在那一年6月份,他向IBM公司提交了辞呈。

休息了几个月后,他变得身无分文,然后便拿着妻子给的1000美元支票开始了艰难的创业——注册了电子数据系统公司(Electronic Data Service)。公司的职员只有他一个人。他只做过推销员,不是电脑专家,也不懂得电脑程序,不知从何入手。被拒绝了70多次之后,终于有一家医疗保险公司和他签订了数据处理合同,他用酬金租了间月租100美元的办公室。

两年之后，公司的年收入达到了40万美元，职员也增加到了12名。第三年起，公司进入了快速发展的轨道。创业六年之后，罗斯·佩罗成为了亿万富翁。2008年，他的公司通过通用公司被惠普收购。

1992年，罗斯·佩罗还曾参加过美国总统大选。当记者们问及他的婚姻生活时，他简短而坚定地答道："我妻子是位非常了不起的女人。"

在所有参加总统竞选的候选人当中，这个答案可谓是别具一格，但对罗斯·佩罗来说，这只是个实事求是的回答。

当他失业后整日在家游手好闲的时候，妻子从来没有抱怨过他一句；在他缺少创业资金的时候，妻子二话不说就直接拿给了他一笔钱，也从不对他指手画脚。只有对丈夫抱有坚定信念的妻子才会这样做。

罗斯·佩罗的幸运，是从遇见一位好妻子开始的；也是妻子，让他的幸运得以延续下去。

在美国CNBC有线电视台主办的一个对话节目上，沃伦·巴菲特和比尔·盖茨站到了哥伦比亚大学生们面前。一名学生向巴菲特请教成功经验，他这样答道："做自己喜欢的事。还有尤为重要的一点是，要跟对的人结婚。"

在自传里，巴菲特这样写道："是我的妻子苏珊，把我从不幸之中解救了出来，是婚姻拯救了我。"1977年，两人开始分居，但却一直没有办理正式离婚手续。在2004年苏珊去世之前，他们两个人一直像朋友一样友好地相处。对于糟糠之妻苏珊离开自己这件事，巴菲特一直非常自责，说："这是我一生中最大的失误。"

在遇到妻子梅琳达之前，比尔·盖茨是信息技术产业里的一个"无情的帝王"。从哈佛大学商学院退学以后，他的眼里就只有胜利。他曾毫不留情地踩踏竞争对手，还收购了好多日后有可能挑战微软的公司。但在与梅琳达结婚以后，他的人生哲学就完全发生了改变，他宣布："退休之后，我要把余生的全部精力都投入到慈善事业中去。"

## 人生许诺的最佳幸运，就是伴侣与朋友

P和K是从小的玩伴，除了服兵役与K在海外分公司工作的那段时间以外，两人都一直待在一起。虽然两个人性情迥异，也没有什么共同点，但他们已经彼此习惯了在一起，如果一周不见个一两回，就会感觉少了点什么似的。

K说，他们两人的相处，"就像没什么意思的Buddy Movie一样"。Buddy Movie，指的是记录两个男人间故事的电影。

如果K在认真地讲话，P就在旁边认真地倾听，偶尔点头或是简短地说上几句。K性格活泼，喜欢与陌生人打交道，并且成功地创立了自己的公司。P是一名教师。K这样形容P："虽然他很喜欢小孩儿，但却不善于表达感情。"P是个如此安静的人，以致你有时都感觉不到他的存在。

但P患了癌症离开了人世。就这样，在不知不觉间，K就失去了最为亲密的朋友。K强打起精神，一边安慰P的家人，一边料理烦琐的后事。

葬礼全部结束以后，K才回家放声痛哭。

悲哀的情绪，是一把钥匙，忙于生存而忘却的记忆之门，被一下子打开了。K想起了自己从前与P的点点滴滴——儿时一起在胡同里玩耍嬉戏、高中时硬拉着P逃课等，一一浮现于眼前。

之后，K的脑海中浮现出了一件往事：结婚没几个月，K就与妻子大吵了一架。然后他便跑去P那里抱怨说："世界上怎么还会有这种女

人?" P只是在旁边静静地聆听，不发一言，K一个人喋喋不休地抱怨了半天，火气消停之后，他就回家了。

还有另一件事：在公司被上司责备之后，K总是会跑到P那里倾诉。P不太懂得公司里的生存法则，每当K向他申诉冤屈的时候，他都只是无奈地说："那样真累。"当K说要离开公司自己创业的时候，P也只是说："好，你会成功的。"仅此而已。

当公司陷入经营危机的时候，P说："我还有一点儿钱，要不都给你吧？"对于P的那点儿钱，K只能无奈地摆手笑笑。直到P离世以后，K才明白过来，对于P来说，那已经是一笔大钱了，这让K更加伤心和后悔了。以前，他总是对P开玩笑说"你这个无聊的家伙""一点儿忙都帮不上我"等等，但直到失去了这个人，他才发现，这个人的离开让自己心如刀割。

在K与P的友情里，有种特别的东西———一种舒服的感觉。

这种东西，唯有P能够给K。虽然K把自己与P相处的日子形容为"没什么意思的Buddy Movie"，但直到失去了这位"一生的知己"之后，他才恍然大悟：遇见这种朋友的幸运，一生也只有一次而已。

无论是快乐、悲伤，还是愤怒，这位朋友都一直陪在自己的身边，让自己可以理智而坚强地生活下去。

人们总是如此愚蠢，在失去某物之后，方才领悟到其珍贵的价值。

不论是谁，一生之中都会上演三部电影。一部是浪漫爱情电影，一部是家庭电影，还有一部是Buddy Movie。有些Buddy Movie，上演的时间会比浪漫爱情电影和家庭电影还长。

成功的人生，首先是浪漫爱情电影和家庭电影的成功。

彼得·伯恩斯坦以登上福布斯排行榜的富豪们为对象进行了一次调查，结果显示，富人们的离婚率还不到30%，这比全美国平均50%的离婚率要低得多。这说明，富人们并不只是经济上取得了成功，在婚姻上也是成功的。

有调查显示，韩国的大部分CEO们都认为是自己的另一半帮助自己取得了今天的成功。三星经济研究所对488名CEO们所做的调查中，高达98%的被调查者表示："自己今天的成功，离不开贤内助的大力支持。"

这些拥有好伴侣的人，都是在充分聆听了自己内心的声音做出了选择的人。只有对自己坦诚、对另一半坦诚，夫妻才能够更好地沟通。要是你的婚姻生活比较圆满，就已经算是很大的幸运了，并且，在结婚之后，你还会听到周边人说："你的气色变好了。"

其次，才是Buddy Movie的成功。

有朋友福分的人，会在气质或性格等方面，与朋友彼此协调互补，在"和而不同"之中，促进彼此变得更有智慧。

如果两个人都处于上升期，就会一同进步。相反，如果有一方处于停滞期，他便能"托另一方的福分"顺利地挺过难关。即使同处困境，两个人也会互相依靠，给予彼此的力量。就算发生争吵，也能很快和解。事实上，最好的朋友，就是能陪你一起出演"没什么意思的Buddy Movie"的人。

良好的伴侣与良好的朋友之间，有一个共同点。他们送给了我们最珍贵的礼物——信任与满足。在他们面前，我们不必用荒唐愚蠢的举动来炫耀自己，哗众取宠。

他们给我们的信任与满足，会让我们更加自信。我们的人生也会因此一帆风顺。

有一位良好的伴侣或朋友，是人生赐给我们的最大幸运。他们是终身都陪伴在我们身边、对我们不离不弃的最佳的幸运天使。

# 10

## 幸运的黄金法则

一对夫妻来到地下停车场，妻子看见右侧的车轮超出了停车线，便对老公说道："你又把车停成这样，让别人怎么上车呀？"老公生气地答道："只要我上下车方便就行了，其他人让他们自己去解决吧。你看！旁边那辆车，不是挺容易就开出来了吗？"

妻子正在开副驾驶这边的车门，突然惊声尖叫道："哎呀！门坏了！" 这正是旁边开出来的那辆车刮的。两辆车之间的空间如此狭小，以致那辆车的车主开门时，不小心刮到了他们的车门。

一位农民参加农产品大会，他种的玉米得了第一名，并获得了粒大、味好的好评，令所有的参展者都很羡慕。这是他多年来努力改良品种的结果。

这位农民返回村子后，把玉米种子分给乡亲们，大家都不解地问他：

"你好不容易才培育出来的成果，如此贵重，怎么舍得分给我们呢？"

农夫笑着答道："事实上，这也是为我自己好呀。刮风的时候，玉米花粉会随风到处飞散，这时，如果周边种的都是品质不好的玉米，我也会跟着受损失的。现在，我好不容易才改良了品种，如果周边的玉米花粉落到我的地里，对我也没啥好处。所以说，大家都种品质好的玉米，对我来说反倒是件好事。"你给予什么，就收获什么，这就是人生。

基督教教义中的"黄金法则"，准确地表达了基督教的伦理观。这个规则出现于《马太福音》第7章12节之中：所以，无论何事，你们愿意怎样对待你们，你们也要怎样待人，因为这就是律法和先知的道理。《路加福音》第6章31节里，也有相关字句：你们愿意人怎样待你们，也要怎样待人。

因果应报的思想，即今天的"果"，产生于昨天的"因"，在其他宗教中也被列为核心教义。佛教有句俗语，叫做"无财七施"。

有一个人找到释迦牟尼问道："我总是一事无成，这是怎么回事呢？""那是因为，你没有对别人抱有一颗慈悲之心。"

"可我是个身无分文的穷光蛋，给不了别人什么呀。""即使没有钱财，但每个人都还是有七种东西可以奉献给别人。"

所谓无财七施就是：

第一，面施，即要面带温暖的微笑，与他人和谐相处。微笑，可以使他人感觉舒服。

第二，言施，即要对他人使用谦恭温和的言辞。比如称赞、鼓励、谦让、温柔的话语。在我们所造的十种孽业中，因口而生的孽业就占了四种，分别是妄语（充满欺骗性、虚晃的话语）、两舌（挑拨离间的话语）、恶口（使人生气的恶语）、绮语（编造出来的话语）。此外，还有因"身"和"意"而生的孽业，各占了三种。

第三，心施，即要诚心待人。美的心灵，能带给他人力量和勇气。

第四，眼施，即要以善意的眼光去看待他人，同时，还要多多发现他人的优点。

第五，身施，即要以实际行动去帮助他人。通过对他人的帮助，我们自己的品行也会变得越来越端正。

第六，座施，即在乘船坐车时，要将自己的座位让给老弱妇孺。

第七，房施，即要将自己闲置不用的房间提供给他人休息。它也叫做察施，即无需过问，直接体察对方的心思，并给予其帮助。

人类得到的伟大教诲中，中心思想都集中在"用心"这一点上。可大部分人，却连对自己用心的时间都没有，更没有空闲去对他人用心了。

只有少之又少的人，才会明白一个真理——我是与他人紧密连接在一起的，而把我们连接起来的这一部分，就是通往幸运的通道。

《马太福音》第7章13节、14节说道："因为引到灭亡，那门是宽的、路是大的、进去的人也多。""引到永生，那门是窄的、路是小的、找着的人也少。"

## 运气不全是天注定

人的一生，取决于三个方面。第一部分，是生来注定的东西。比如，父母、兄弟姐妹、气质或体质、天分、生辰八字等。这些东西除非你重新投胎，否则是难以改变的；第二部分，是个人的努力，也可以说是"意志"与"实践"；第三部分，就是运气了。这属于因缘际会的范畴，比如和伴侣、老师、朋友、同事、邻居的因缘，或就业、升迁、投资、成功的机会。

每个人的人生，都是在受着这三个方面的影响，这三部分也是彼此连接、不可分离的。一个人生来具备的条件，会对他的努力和运气产生影响；努力，也会受到天生的才能、气质或体质的限制；一个人通过努力，也可以加深和别人的因缘，帮你抓住偶然的幸运；运气，也会受到一些天生因素的影响，比如，如果一个人出生于良好家庭之中，因此获得了很多机会，这就是他的幸运。

> 成功 = 天生 + 努力 + 运气

对于成功来说，这三个要素是缺一不可的。许多人没有注意的是：这其中可以发挥一个人的主动性的，不仅有努力，还有运气中的与他人的因缘的部分。当然，运气中的属于天生或偶然的因素，始终是我们无法左右的。

> 可以发挥个人意志的部分 = 努力 + 因缘

意志与实践，体现的都是我们积极主动改变生活的能力。而对于因缘，我们并不是无能为力，完全要听天由命的。前面我们提到过，要想寻找到幸运，有两种方式。一种，是通过"内在自我"的帮助；另一种，是通过"幸运天使们"的帮助。现在，我们把两者结合起来看一看。

> 可以发挥个人意志的部分 = 努力 + 因缘
> 遇到幸运的途径 = 内在自我/幸运天使

"我是与别人紧密连接在一起的，而把我们连接起来的这一部分，就是通往幸运的通道。"

　　这是耶稣、释迦牟尼、孔子、苏格拉底等先知很早之前就已经揭示了的真谛。

　　幸运，由"用心"而起。对自己用心（用心聆听自己的心声、关爱自己），对他人用心（帮助、关心他人）。这样，幸运便是水到渠成的了。懂得这个道理的人，会和很多人结缘，用心地把自己的才能、努力和幸运，与他人的才能、努力和幸运结合起来。然后，成为彼此的幸运天使，在和谐相处中共享幸福。他们知道，只要用心呵护，幸运随时都守护在自己身边。

**唤来幸运的黄金法则** ＝ 个人努力+与内在自我的沟通+与他人的和谐相处

## 11 悄悄地施德

**韩**语中,有"阴德阳报"一说。它的意思是:悄悄给他人施德(帮助他人)的人,一定会得到幸福。

春秋时期,楚国有个叫孙叔敖的人。在他小时候,有一次在外面玩耍时,突然哭着跑回家里,对妈妈说:"我今天看到了一只两头蛇。听说看到这种蛇就会死,那我是不是也快死了?"

母亲问道:"那你是怎么处理的?""我担心别人看到它后会死掉,所以就亲手把它杀了。"母亲高兴地安慰儿子说:"放心吧,你不会死的。俗话说阴德阳报,你背着别人悄悄地做了好事,一定会因此而得福的。"果然,孙叔敖安然无事地长大成人,后来,他成了楚国的宰相。在他的辅佐下,楚国达到了太平盛世。

临死前,孙叔敖给儿子留下了遗言:"每次楚王要赏我土地的时候,我都给谢绝了。等我死了以后，楚王肯定想把那些土地再次赏赐于你，但你绝对不能收。在楚国与吴国之间，有一块叫做寝丘的山地，它很贫瘠，所以没有人想要得到它。要是楚王想要赏地给你的话，你就要它吧。"

果然，孙叔敖刚一去世，楚王便要赏给他儿子一块肥沃的土地，但却被孙叔敖的儿子谢绝了，他只要了那块贫瘠的丘陵地。

后来，大臣们之间围绕着权力与财产，展开了数次激烈的争夺。许多人不仅失去了土地，还惨遭灭门之灾。但孙叔敖的子孙后代却靠着那块土地，把整个家族的脉络延续了下去。

日常生活中，我们总是在有意无意地强调"德"与"福"两个概念。拜年的时候，我们会说："祝您新的一年里福运长存。"然后，长辈们也会给我们说些"德谈"（善言），比如"也祝你身体健康，万事如意"等。我们要努力去积德，这样，便会得福。

福气和幸运是相通的，两者就像双胞胎一样。辞典里对福这个字的解释是：1.平安、满足的状态以及随之而来的幸福感；2.好运，幸福；3.因好运而得来的机会。还有人这样理解："德，是对他人的恻隐之心。福，是一种自我满足的状态。"

我们的上一代人，似乎格外喜欢福与德这两个字，他们还曾把房地产中介称为福德房。不以"德"为基础的"福"，有可能会突然转变为不幸或厄运。那些巨额彩票中奖者或风险投资家们的亲身经历，就是证据。这些一次性得到巨大幸运的人，到了晚年就得格外小心。

## 德行的实践

伟大的文艺复兴之门，是由意大利佛罗伦萨的梅迪奇家族开启的。

这个家族是以"德行的实践"为座右铭。而对于自己对历史的巨大推动作用，梅迪奇家的人认为这不过是一个幸运。

在他们看来，德行是自己的使命，比起幸运所带来的福气与成功，积累德行，是件更加伟大的事。

也许，在那些觉得拥有聪明的头脑才值得骄傲的人看来，重视德行的观点显得相当土气。"现在都什么时代了，还抓住那些古董思想不放？而且，那些都是付出后就没回报的东西，我为什么要做这种不值得的投资呢？"

但回报，从来不是重视德行的人向别人施德的目的。相反，他们还会为了避免对方回报自己而选择"悄悄地"施德。悄悄积德的人心里，怀有一种"察施"的智慧，即主动察觉对方的心思，并施与其恩惠。施恩以后故意让受惠的人发现，这不是积德者会做的事。

真正的德行，是看不见的。抱着得到他人认可的目的而施的德行，不是真正意义上的德行。"积德多了，子孙后代也会因此得福。"这句话，是有一定的道理的。

积德者的子女，一般都会继承父母的基因。他们从小受到父母言行的影响，会把施德看做是再自然不过、应该去做的事情，还会自己亲身去实践。

积累了德行的人，会从意想不到的地方得到回报。他们会得到发自内心的满足感。每次积德的之后，他们的内心就会充溢着满足感，人们也把这种感觉叫做"自豪感"，并且，他们还会努力地去积累更多的德行。

有时，他们的人生中也会出现一些避之不及的不幸，但他们会乐观并坦然地接受它。他们的人生哲学是：幸运、不幸及厄运，全都在于你自己怎样去看待它。他们心境平和，而且，内心里有一个比宇宙更加广阔的世界。这个广阔的世界，就像黑洞一样，能够把别人吸引进来。

## 12 "利他"终会"利己"

查尔斯·施瓦布35岁时，就成了当时美国最大的公司之一——卡内基钢铁公司的总经理。"钢铁大王"卡内基对他非常信任，并给了他年薪100万美元的丰厚待遇。不过后来，施瓦布还是离开了卡内基，创立了伯利恒钢铁公司。

他是位杰出的领导者，不同于当时那些随意呵斥手下、对员工大耍威风的管理者。有一段逸事，从中可以看出施瓦布的为人。

工地里干活的一些工人不愿意戴安全帽，任主管怎么劝说都无济于事。于是，施瓦布亲自走到他们的工头面前，问道："您今年多大了？"

"35岁。"

"那么，您更珍惜几个小时的时间，还是更珍惜35年的时间？"

"什么？"

"戴安全帽的时间只有几个小时而已,但要是想培养一名像您这么优秀的人才,却需要花费35年的漫长时间。如果您不戴安全帽的话,出了事故怎么办呢?"听了这番话,这位工头二话不说就戴上了安全帽。此后,再也没有人拒绝戴安全帽了。

虽然在当时的管理者中,查尔斯·施瓦布是位极少有的人品好又富有道德心的人,但还是有众多诉讼缠身,这让他大伤脑筋。越是对别人慈善的人,越是容易被别人欺负,有些人甚至还对施瓦布提起了连续公诉。

70岁时,施瓦布接到了最后一个诉讼,这完全是一场无中生有诉讼,他也不可能被判有罪。不过,他还是必须亲自出庭作证。等两边的辩护律师审讯结束以后,施瓦布向法官问道:"我可以再说上一句吗?"法官点头同意了。施瓦布说:"曾经,我无数次地站在这个法庭上。其中,90%以上的案件,都是因为我对别人太好了才造成的。现在,我年事已高,也悟出了些生存智慧——那就是要冷酷无情地对待别人。但是,我依然不会那么做。如果选择冷漠,那我的人生也会同样孤独。"

## 挨骂也是积德

我们常说,积德才能得福,行善才有福报。

积德的方式,有很多种。最普通的积德方式,是给他人做好事,如帮助遭遇不幸的邻居渡过难关、参加慈善活动以帮助弱势群体等。这是一般人最常选择的方式。

另一种积德的方式,是承受痛苦和磨炼。正所谓守得云开见月明。能够平和而坚强地经受考验、渡过难关,这也是一种积德。

但还有一种奇特的方式,即古人所说的:"挨骂,也是一种积德。"承受责骂,可以让我们抵除之前的罪孽。这个道理,现在也依然适用。

你越是成功,就越会遭到别人的责骂;你越富有,就越会成为众矢之的,越会孤立无援。成功之后,聚集在你周围的不仅有越来越多的竞争者,还会有越来越多的嫉妒和批评你的人,不管你做了什么,都不可能得到他们真心的赞扬。

这些责骂,既是成功的代价,也是让成功延续下去的契机。要想不断取得成功,就必须能经得起责骂之声。

如果你还没有做好挨骂的心理准备,那就等于你还没有做好迎接幸运的准备。有时,我们还是会抱有侥幸的心理,觉得总可以有既享受幸运和成功,又可以免受别人指责的事情发生。事实上,正是因为你这么想,让你更无法遇到幸运。你为了避免被责骂而躲躲闪闪,最后,连遇见幸运的机会,也一同给躲闪掉了。

人常说功名是一种负累,这种负累就少不了挨骂。当然,挨骂并不等同于成功,但骂声却是成功少不了的伴奏。当然,也有可能是你通过不正当的途径取得了成功,所以才会招致了别人的责骂。

为了避免无益的骂声,我们取得成功的方式,应该是"多做些利他之事",用利他之事,博得幸运女神的青睐。

毛笔写起字来不方便,所以就产生了钢笔;而钢笔会漏墨水,所以就出现了圆珠笔;排队等公用电话不方便,所以就有了手机;磁带使用起来不方便,所以就有了MP3;电脑和手机携带不方便,所以就诞生了智能手机。

但不管怎样,要想走完成功的道路,需要我们充满勇气。因为,有不顾危险去尝试新事物的挑战者,就会有试图维护既存事物的保守派。保守派总是会千方百计阻挠革新者，所以说，突破以往的经验创造出新事物，并不是件容易的事。

如果你的挑战失败了，免不了要遭到责骂。越是害怕尝试新事物的人，越是会对别人的尝试和失败品头论足、恶言相向。虽然如此，你也不应该失去重新尝试的勇气。当然，这个过程还时常会伴随着新的责骂之声。

成功以后，别人的称赞都只是暂时的，接下来，便是不绝于耳的骂声，在这个数字时代，更是如此。网上那些大公司的贴吧，哪有一个不是被骂声充斥的。不过，顾客的不满与竞争者的怨恨，是与成功成正比的。虚心接受他人的责骂，你便是在积德，这是使得自身进步与发展的幸运契机。

因为，顾客的骂声，是创新思想的源泉。运行良好的公司，在接受骂声上与其他公司存在一种看不见的差异。他们会好好分析顾客的意见，然后开发出更好的产品和服务。接下来，再次遭受责骂，再次改良，如此这般循环往复。对于他们来说，顾客的骂声，是无限的关怀与呵护。

无数事实证明，巨大的成功起源于"多做利他之事"，同时又欣然地接受责骂之声，并以此积德的过程之中。随着德行的积累，你遇见幸运的机会也会越来越多。

有很多通过"积德"而"得福"的实例。这样的福气，有可能是一件好事，有可能是他人为了感激自己而提供的意想不到的帮助。好运相随的人，都明白这个道理。因此，他们不怕挨骂，反会把这当做发展自身的良机。

许多人抱怨遇不到幸运女神，但是扪心自问，你是否愿意多做些利他之事，并欣然接受责骂之声呢？

## 利他是人类发展的原动力

利他之事，是否到自己取得成功为止？有些人做了很多利他之事，遭受了很多责骂之声，却依然觉得不够。然后，他又会去做更多为人造福的事。

沃伦·巴菲特和比尔·盖茨，就属于这类人。他们都捐献出了自己一半以上的财产，用于帮助他人。比如，创办慈善机构，促进发展中国家的医疗、教育、卫生等事业的发展。与比尔·盖茨一起创办微软的保罗·艾伦，也是这样。他们的率先垂范，使得美国许多富翁积极地加入了慈善的行列。

巴菲特与盖茨，正在针对美国的400名富豪发起一场"捐出你一半财产"的活动。如果达到预期目标的话，此次活动将会筹集到6000亿美元，这足足达到了韩国国内生产总值的70%。这项活动的发起，起源于那些已经享受到了幸运之人的"负债感"。他们认为，自己的成功源自幸运，因此，自己欠了这个世界很多债。他们这样讲，既是自谦，但也是一种事实；而且，每个人都会有"与别人一同分享我的幸运"的想法。

但即使有很多人给他们真心的掌声，也会有很多人对他们无端唾骂。有人说："这些富豪们只是在作秀。"有人说："这是他们想把财产传给自己子女的一种权宜之计。"还有人说："他们只是想获得税收上的优惠。"他们之所以会遭受如此非难，是因为他们的捐献行为填满不了所有人的空虚心灵。并不是只有亿万富翁才能与他人分享自己的幸运。我们也同样可以。

比如，你曾在公司遇到了一位好前辈，并受到了他很多的指导，当你看到后辈遇到难处时，你会尽己所能地去帮助他。其实，对于自己的幸运，每个人都在不知不觉地以这种方式回报社会，这同样也是一种积德。得到帮助的后辈，以后也会用同样的方式去帮助自己的后辈。

我们的祖先，应该也是一样，比如，传授邻居种田的方式等。正是在幸运的不断传递之中，人类才走到了今天，以后也会一直这样走下去。人类发展的原动力，即是"接受幸运，并与他人一起分享的精神"。

那些取得巨大成功后捐出巨资的人们，还有另外一个共同点：努力地去做些单纯的"利他之事"。他们捐出的财产一般都给了那些素不相识的人。

但对和自己有密切关系的人，他们却会划清界限。就像沃伦·巴菲特和比尔·盖茨，除了基本的生活费，他们没给自己的子女留下一点儿财产。当女儿想改造厨房向巴菲特寻求帮助，他却说："你自己去银行借钱吧。"

热衷于利他之事的人，都不会让家人或亲戚"沾自己的光"。特别是对于品行不好的人，他们更是会将其拒之门外。因此，他们总会受到家人或亲戚的责骂。责骂，真像是他们的宿命一样，躲也躲不掉。

中了巨额彩票的人，只有极少数人能够在中奖后安然无事的生活，这是他们之前通过利他之事积德得到了回报，这才保全了自己。

与家人和亲戚划清界限，其实也是一种保全彼此的方式。如果他们把手中的方向盘给了这些想沾点光的人，那么汽车就很有可能会偏离方向。新闻中很多人都是因为没有管理好自己的家人或亲戚而身败名裂，很多风光一时的政治家或高级国家公务员，都是这样毁掉了自己。

想沾光的人，会将施与其恩惠的人拖入不幸。容易得到的东西，也会容易失去。沾了一两次光之后，沾光的人就会以为好处伸手即得。他的欲望会越来越大，想要的会越来越多，渐渐地，别人再也不愿意让你沾光了。总有一天，双方会反目成仇。正是出于这种考虑，能够守得住幸运的人便会想：与其日后大家一起承受不幸，不如现在就选择拒绝。

　　他们明白，幸运只有通过自身的努力，积攒德行才能获得。在努力的过程之中，人们才能遇见适合自己的幸运，领悟到生活的奥妙，得到宝贵的人生经验。努力，是一切成就的出发点。找到自己想做的事，多多为他人提供便利，并欣然接受责骂，慢慢地，你的人生会越来越好。只有经过这一过程，你才能理解生活。你会意识到：自己身边有那么多值得感激的人，自己拥有那么多珍贵的东西，手头上的工作是那么有价值。

　　和亲人划清界限，是为了让他们通过自己努力的过程，亲身去获得幸运。这本身就是一种利他之事，是一种德行。而对那些与自己没有关系，但却急需帮助的人，通过向他们提供帮助，让自己成为他人的幸运天使，燃起已经绝望的人们心底的希望之火，这同样也是一种积德之事。

　　也许你会觉得这样做很奇怪，但这只不过是为别人铺造适合他们的通往幸运的道路而已。non sibi是not for self的拉丁语。它的意思是：不为自己而活。最初的幸运，都是从利他之事开始的。所有的利他之事，最后都会变成利己之事。而源源不绝的幸运，正是在这样的共享中被创造出来的。

# 后记
## 世上最有力量的幸运

松下幸之助会长把自己遇到的幸运归为三条：11岁时失去双亲的不幸，从小就身体羸弱的不幸，小学4年级时就辍学的不幸。

这三条，看起来都是不幸。而松下幸之助会长却说："这三条，都是幸运。"对此，他是这么解释的：

11岁时失去双亲的不幸，使他得到了提早懂事的幸运。他明白了要靠自己努力拼搏，而不是依靠他人。

从小就身体羸弱的不幸，使他得到了重视身体健康的幸运。结果使他活到了95岁。

小学4年级时就辍学的不幸，使他得到了要虚心学习的幸运。这让他一生都在不断学习。

人的一生中，有许多幸运是来自外部的。家庭、学校、职场，或者朋友、前辈、后辈、老师，都可能为我们制造幸运的契机。

可是，这个世界上最有力量的幸运，却不是在外面遇到的，也不是从别人那里得到的。

世上最有力量的幸运，出现于一个人的内心里，它会让你在瞬间感到："这才是真正的人生。"

这个幸运的名字，叫做"正确地解析"。即使你已经忘掉了这本书之前所有的内容，也没有关系。当事情不顺利或心情不好的时候，你可以随时翻开它，再读一遍。

只要记住一点就可以了，那就是要学会正确地解析。即使再大的不幸和厄运，在正确地解析前面，都会显得微不足道、气焰全消。

幸好，正确地解析这个幸运，只要努力，你就可以得到。

人们在经受不幸之时，会为自己打下根基。根基深厚的人们，在任何威胁和诱惑下，都会坚挺地站立着，不会轻易地动摇。不过，他们的根，我们是看不见的。一般起决定性作用的东西，都是不易看见的。

名叫"正确地解析"的这个幸运，会与身边的幸运天使们一起，把我们的生活变得更加丰富多彩。幸运，从来不是天生的，而是后天创造出来的。

正确地解析是一种无敌的幸运，它会给我们身边的幸运天使们带去快乐。通过正确地解析，我们能够对他人给予理解和认可，并会与他们共同创造出一个个小小的幸运，然后，我们就会把这些小幸运像滚雪球一样越滚越大。